MANUEL

DU

VIGNERON

MANUEL

DU

VIGNERON

ÉTABLISSEMENT DU VIGNOBLE

PLANTATION. — GREFFAGE. — TAILLE. — CULTURE ET ENGRAIS

ENTRETIEN. — MALADIES ET ACCIDENTS DE LA VIGNE

VINIFICATION

ET CONSERVATION DES VINS

DÉFAUTS NATURELS. — MALADIES DES VINS

LEUR TRAITEMENT

PAR

E.-H. SCHLŒSING

Édition ornée de nombreuses gravures

PARIS

G. DELARUE, LIBRAIRE-ÉDITEUR

5, RUE DES GRANDS-AUGUSTINS, 5

AVIS

—

On peut se procurer les *Levures sélectionnées* de MARTINAND ET RIETSCH, le *Sulfitartre* de GASTINE ET GLADYSZ, la *Bouillie bordelaise* SCHLŒSING, le *Soufre précipité* SCHLŒSING, pur ou mélangé de sulfate de cuivre, ainsi que tous les autres produits chimiques agricoles dont il est question dans ce volume, chez MM. SCHLŒSING frères et Cie, à Marseille.

———

AVANT-PROPOS

Notre intention, en offrant au public ce petit manuel, n'a pas été de lui présenter du nouveau, mais simplement de résumer les éléments qui, pour certains d'entre eux, sont encore insuffisamment élucidés ; notre but est de leur éviter des recherches fort longues et coûteuses à travers la multitude des ouvrages qu'il ne leur est pas toujours facile de se procurer pour les consulter, et de les faire profiter des faits parfaitement acquis actuellement.

Nous passerons très brièvement sur les pratiques usuelles, bien connues du plus grand nombre des vignerons ; nous considérons que les opérations matérielles de plantation, greffage, taille, seront bien mieux enseignées aujourd'hui au milieu des vignes, par ceux qui de toutes parts les connaissent, que sur un livre ; mais nous

nous arrêterons davantage sur les connaissances sans lesquelles la durée et les rendements des vignobles ne seraient pas en rapport avec les sacrifices faits pour eux.

En présence des conditions actuelles de la production et de l'écoulement des produits, il faut que chaque viticulteur n'oublie pas qu'il est un véritable industriel négociant, soumis aux duretés de la concurrence, qu'il doit s'ingénier pour obtenir, par hectare de même valeur, une récolte au moins aussi abondante et de qualité non moins bonne que celle de ses concurrents, sans quoi la multitude de ceux-ci pourrait jeter sur le marché, à meilleur compte, des vins semblables aux siens. Comme conséquence, la clientèle lui retirerait ses faveurs ou ne lui resterait fidèle qu'à la charge de vendre parfois sans bénéfice suffisant ou même à perte sa trop faible production.

N'est-ce pas là l'histoire de tous les industriels ?

Il importe donc :

1° De planter et diriger la vigne dans les meilleures conditions possibles afin qu'elle soit constituée de manière à produire relativement beaucoup et longtemps.

2° D'entretenir et accroître sa fertilité par des fumures appropriées, raisonnées et par des soins culturaux convenables, tout en la défendant contre ses ennemis de toute sorte ;

3° Enfin, de savoir bien faire le vin et d'en assurer la conservation.

Notre petit ouvrage sera divisé, à cet effet, en trois parties principales dans lesquelles seront résumées les connaissances acquises sur ces points capitaux et que nous avons puisées dans les plus récentes publications des meilleurs agronomes et praticiens auxquels revient tout le mérite de la nôtre.

Nous serons heureux si, après l'avoir parcouru, nos lecteurs peuvent déclarer à leurs confrères en viticulture que notre manuel est un livre à consulter parce qu'il est propre à leur rendre service.

MANUEL DU VIGNERON

PREMIÈRE PARTIE

CONSIDÉRATIONS GÉNÉRALES

SUR LES

VIGNES A RACINES FRANÇAISES

Les vignes françaises des pays non phylloxérés doivent être soumises aux soins généraux de culture, fumure, entretien, que nous passerons en revue pour les vignes reconstituées dans de bonnes conditions. Malheureusement elles deviennent de jour en jour moins nombreuses et des taches qui s'étendent petit à petit à tout le vignoble de chaque particulier, se découvrent de toutes parts dans les endroits épargnés jusqu'à ces dernières années. Dans ces conditions les questions qui se posent au propriétaire sont celles-ci.

Quels sont les meilleurs moyens pour atténuer les dégâts dus au phylloxera ?

Doit-on remplacer les souches françaises par des souches à racines américaines au fur et à mesure

1

que les premières sont détruites par le phylloxera !

En dehors des pays privilégiés où la pratique a
démontré l'efficacité des plantations dans les sables
(Aigues-Mortes, Cette, etc.) et de la submersion, les
viticulteurs n'ont, et pour cause, qu'une confiance
bien limitée aux insecticides quels qu'ils soient, la
plupart ont finalement reconnu, après de nombreuses
années d'expérience chèrement acquise, qu'une dépense équivalente en engrais bien choisis leur donne
généralement des résultats immédiats plus avantageux
que ceux qui procurent le sulfocarbonate, le sulfure
de carbone et à plus forte raison tous les autres insecticides. C'est pourquoi nous conseillons aux possesseurs
de vignobles français phylloxérés (en dehors des pays
de grands crus où les récoltes des vieilles vignes peuvent payer des frais extraordinaires) qui ne peuvent
recourir à la submersion pendant 40 jours consécutifs
et qui n'ont pas de sérieux motifs d'être satisfaits de
l'emploi du sulfure de carbone, de ne pas avoir grande
confiance dans tous les insecticides qui, tour à tour
annoncés comme merveilleux, n'agissent la plupart
que par la petite quantité de matières fertilisantes
qu'ils contiennent et qui sont vendues beaucoup trop
cher.

L'essentiel est que la vigne ne reste jamais sans
produire, qu'elle rapporte en mourant pour ainsi

dire, et ne soit pas plusieurs années à la charge du propriétaire sans lui donner autre chose que des déceptions annuelles. Il faut forcer la vigne qui est aux prises avec le phylloxera à donner sa quintessence pendant les dernières années de sa vie en allongeant un peu la taille de quelques coursons, ou mieux en donnant aux souches vigoureuses un *pisse-vin*, un long bois de 5, 6, 8 yeux (fig. 1), qu'on laissera

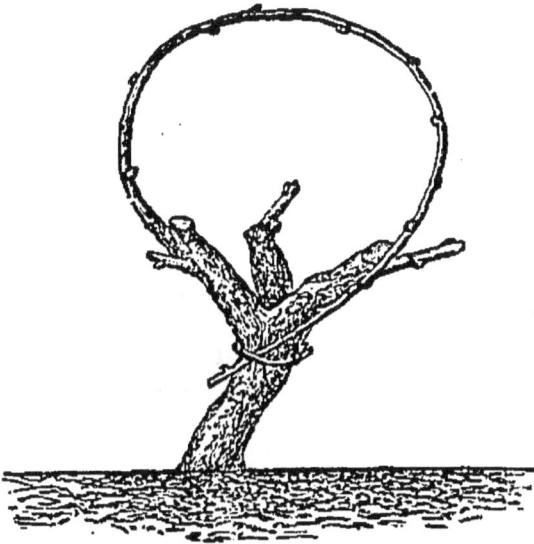

Fig. 1. — Gobelet avec long bois.

chaque année sur ce nouveau bras, et en alimentant ces souches de telle façon qu'elles puissent bien nourrir la récolte qu'on leur demande, jusqu'au jour où le phylloxera sera le plus fort et où l'on se résignera à les arracher.

On recommande avec raison de tenir le sol des vignes françaises aussi propre que possible et de ne les fumer qu'avec des engrais pulvérulents; autrement les racines des herbes et les pailles des fumiers favorisent la multiplication du phylloxera en soulevant le sol et en faisant au puceron des couloirs par où il peut se transporter plus facilement d'un point à un autre. Cette observation que nous avons retrouvée dans un grand journal viticole du Midi est due à un praticien consommé qui désire garder l'*incognito*, et qui a soutenu longtemps la lutte avec les insecticides pour l'abandonner finalement et recourir aujourd'hui aux seuls traitements par les engrais pulvérulents.

Son principe est d'arracher les parties les plus faibles lorsqu'elles sont assez importantes pour permettre les travaux de préparation nécessaires aux vignes nouvelles, de forcer d'autre part la production des autres parties qui ne sont maintenues qu'à la condition de donner un bénéfice satisfaisant. Dès que la production menace de n'être plus rémunératrice, le défrichement s'ensuit impitoyablement; une plantation nouvelle lui donne au bout de trois ans, plus de récolte en argent qu'une vieille vigne épuisée dont le maintien coûterait plus cher que l'entretien d'une jeune vigne à racines résistantes.

C'est la ligne de conduite qui se recommande à tous les viticulteurs soucieux de leurs intérêts.

ÉTABLISSEMENT DES VIGNOBLES NOUVEAUX

CONSIDÉRATIONS GÉNÉRALES
SUR LES VIGNES A RACINES AMÉRICAINES

Il n'entre pas dans l'esprit de ce manuel de faire aucune description de cépage et nous admettons que personne n'ignore qu'il y a des vignes américaines parfaitement résistantes au phylloxera que l'on doit choisir de préférence à celles qui laissent à désirer sous ce rapport. Tout le monde sait ce qu'est un *producteur direct* susceptible de donner des récoltes sans. le secours de la greffe qui seule permet aux *porte-greffes* de donner des vendanges satisfaisantes.

Faut-il s'adresser aux producteurs directs ou aux porte-greffes ?

Règle générale, dans tous les pays qui désirent faire des vignes durables et du vin pour le commerce, l'on devra s'adresser aux porte-greffes sur lesquels on récoltera des récoltes aussi bonnes et plus abondantes qu'autrefois avec les cépages français bien choisis.

Ce n'est que dans les régions où d'autres cultures absorbent tout le personnel et l'attention du cultivateur et où la vigne n'est utilisée sur quelques ares que pour la consommation toute locale, que les producteurs directs usuels peuvent trouver grâce. Leurs défauts généraux sont de ne pas résister suffisamment aux attaques du phylloxera ou de ne donner dans le cas contraire qu'une récolte médiocre en quantité si le vin est bon, et en qualité si le vin est abondant. L'Othello est, de tous les producteurs usuels directs, dans ce cas, le plus fructifère et le plus recommandable.

En dehors des cas spéciaux indiqués plus haut et en attendant que les savants hybrideurs Millardet et de Grasset, Couderc, etc., aient pourvu la viticulture de cépages sûrement résistants tout en produisant en suffisance, les jacquez, othello, herbemont, senasqua, canada, brant, secretary, black défiance, etc., doivent céder la place aux porte-greffes qui donneront finalement moins de déceptions et plus de bénéfices à leurs possesseurs.

La greffe n'altère pas la qualité du produit, elle l'améliore lorsque l'on sait choisir les greffons ; elle en augmente surtout la quantité, et cela est si vrai que nous connaissons des propriétaires qui y auraient recours alors même que l'on trouverait demain un procédé radical pour détruire économiquement le phylloxera.

L'essentiel est de bien adapter les porte-greffes au sol et les cépages français au climat, aux pieds mères et aux conditions du marché.

INFLUENCE DE LA SÉLECTION SUR LA VALEUR
DES VIGNES

Les vignerons ont tous remarqué que dans les mêmes carrés de vigne, l'on rencontre des souches d'un même cépage qui donnent chaque année une récolte abondante, tandis que d'autres recevant les mêmes soins sont coulardes ou infertiles. Dans toutes les pépinières provenant de pieds mères venus de semis l'on a remarqué des sujets d'une même espèce de vigne tellement différents que l'on a dû choisir les meilleurs pour en constituer des variétés plus recommandables que les autres.

Les boutures prises sur des pieds mères pour la reproduction donnent généralement naissance à des individus qui héritent des qualités et des défauts de ceux-ci. Toute l'attention doit donc être portée vers le choix des bonnes variétés et des bons sujets pour le rejet des mauvais.

Qu'un terrain soit reconnu bon pour le riparia, il ne faudra pas recourir à n'importe quelle variété de ce cépage, mais prendre celles qui ont la meilleure réputation assise sur des expériences très nombreuses. Les nouveaux planteurs sont plus favorisés à ce sujet que les anciens et doivent profiter des écoles de ces derniers.

De même, en ce qui concerne les cépages français

à greffer, l'on aura soin de ne prendre les boutures que sur les ceps les plus fructifères marqués d'une façon quelconque avant la vendange, ou prises chez des fournisseurs de tout repos. On évitera de se servir de greffons provenant de bois portant des traces de maladies cryptogamiques, et grâce à toutes ces précautions, à soins égaux, le vignoble sera plus productif qu'un autre où elles auront été négligées.

CÉPAGES AMÉRICAINS LES PLUS RECOMMANDABLES

Pour ne pas entrer dans des détails toujours trop longs dès qu'ils sont inutiles, nous passerons à dessein sous silence les cépages qui n'ont pas fait leurs preuves ou dont les prix trop élevés pour le commun des viticulteurs ne sont abordables qu'à de riches expérimentateurs, puis ceux qui, après un moment de vogue, sont aujourd'hui reconnus inférieurs à d'autres cépages usuels preférables dans les mêmes sols.

Le porte-greffe de beaucoup le plus répandu est assurément le *riparia*. Il exige pour bien prospérer que ses racines puissent pénétrer profondément dans le sol sans y rencontrer une couche de terre trop humide, ou trop calcaire. Il affectionne alors tous les terrains profonds, friables caillouteux ou non et ses terres de prédilection sont celles qui sont en outre ferrugineuses.

Au milieu des centaines de variétés de riparia que l'on trouve dans les pépinières, MM. Viala et Ravaz cotent comme ayant la plus haute valeur les variétés : *Portalis ou Gloire de Montpellier* dont les feuilles larges et gaufrées sont facilement reconnaissables, et le riparia *Grand Glabre*, remarquable comme le précédent par la vigueur de sa végétation. Ces variétés résistent absolument au phylloxera et supportent dans le sol, la première surtout, une dose de calcaire plus importante que les variétés moins vigoureuses. Néanmoins, aucun riparia n'est recommandable dès que les proportions de calcaire dépassent 9 à 10 p. 100, à l'exception peut-être des terrains où il se trouve à l'état de cailloux provenant de la désagrégation du calcaire des terrains primitifs et peu sensible à l'action des eaux.

Nous laissons aux savants et aux observateurs le soin de se mettre d'accord sur les doses et l'état du calcaire que peut supporter chaque nature de porte-greffes ; en ce qui concerne l'adaptation proprement dite des cépages au sol on nous permettra de ne parler en connaissance de cause que de ce qui est bien acquis aujourd'hui.

Les variétés de *rupestris* sont en nombre incalculable et toutes bien résistantes au phylloxera. Il faut toujours choisir de préférence les plus vigoureuses, celles dont les sarments sont longs , les feuilles épaisses et luisantes ou larges et à reflet métallique. Certaines variétés ont été recommandées pour les terrains calcaires, comme les *rupestris phénomène du Lot*, Mission, de Sijas, qui ne se distinguent que par des différences imperceptibles au point qu'on les croit une seule et même variété; mais la vraie destination des rupestris, c'est de servir à la plantation des terrains secs, cailouteux, pas assez profonds pour le riparia qu'ils soient riches ou arides.

Ils viendraient bien sans doute dans les bons fonds où réussit le riparia, mais ils y seraient moins fructifères que ce dernier, et comme ils sont un peu plus difficiles de reprise au greffage, ils ne doivent pas, dans ces conditions, lui être préférés. Les hybrides de riparia et de rupestris, nos 101 et 108 de MM. Millardet et de Grasset, nos 3306 et 3309 de M. Couderc, ont été aussi conseillés dans le *Progrès agricole et viticole*, comme d'excellents porte-greffes pour les terrains où les meilleurs rupestris sont recommandables.

Le *vialla* n'est recommandé pour aucune terre de la région méridionale par MM. Viala et Ravaz. Il ne réussit bien que là où le riparia vient bien et il est encore plus sensible que lui à un excès de calcaire dans le sol. Ses qualités sont d'être de bouturage et greffage très faciles, mais son plus grave défaut est de ne pas résister aux attaques du phylloxera sous le climat du midi principalement.

L'*york madeira* est au rupestris ce que le vialla est

au riparia, il n'y a donc lieu, en aucune circonstance de le substituer au rupestris ou aux hybrides de riparia et de rupestris.

Le solonis longtemps recommandé pour les terres argilo-calcaires, fortes, humides n'a pas une grande résistance au phylloxera et de même que le *jacquez* recommandé lui aussi pour les mêmes sols et qui a les mêmes défauts, il doit, si l'on en croit les conseils tirés des publications parues dans les meilleurs journaux viticoles, céder la place à l'*aramon rupestris Ganzin*, au *Gamay Couderc*, au rupestris phénomène, etc., dont les prix de vente ne sont plus excessifs.

Pour les terrains extrêmement calcaires analogues à ceux des craies des Charentes la conclusion du dernier Congrès de Montpellier a été que nous n'avions tout récemment encore aucun cépage *usuel* à recommander avec toute assurance. Nous n'essaierons pas de nous montrer plus savants que cette haute assemblée. Ajoutons seulement que certains agronomes fondent les meilleures espérances sur quelques sélections de Berlandieri et sur un petit nombre d'hybrides franco-américains restés, jusqu'ici, dans le domaine des expériences. Mais tout porte à croire, qu'avec le concours des moyens indiqués plus loin pour combattre la chlorose, les cépages désignés ci-dessus seront parfaitement suffisants pour assurer aux vignobles reconstitués une durée indéfinie.

PLANTATION

PRÉPARATION DU SOL POUR LA PLANTATION

L'observation courante a démontré qu'une fois les cépages bien choisis pour un vignoble, on en assure la réussite, la fructification plus hâtive et la durée en ne les plantant que sur un sol bien nettoyé, bien défoncé, assaini et fumé convenablement.

Lorsqu'une vieille vigne est dépérissante, il ne faut pas cesser de la cultiver et à la condition d'observer ce que nous avons dit au début, rien ne s'opposera à ce qu'elle soit défrichée et défoncée avant l'hiver, puis remplacée par une vigne nouvelle dès le printemps suivant.

Lorsque la terre est malpropre, il est préférable de faire les travaux nécessaires pour la destruction des herbes avant le défrichement, et au besoin de la mettre deux à trois ans en culture avant de la replanter.

Un défoncement de 40 à 60 centimètres est toujours utile avant la plantation ; il hâte la fructification, il permet à la vigne de s'emparer beaucoup plus vite du sol et de ses matières fertilisantes. Grâce à lui celles-ci sont mieux utilisées et entraînent à leur suite les racines qui trouvent dans les profondeurs du sol la fraîcheur et les engrais dont la vigne eût été privée sans un bon défoncement. Jamais ce principe n'a été mis mieux en évidence que pendant la fameuse sécheresse de 1893 où l'on eût pu marquer au doigt toutes les vignes défoncées dont la végétation tranchait nettement sur celle des voisines plantées sur simple labour profond de 25 à 30 centimètres.

Lorsque le sous-sol est de bonne nature l'on peut et l'on doit même le ramener à la surface ; si au contraire il est de mauvaise nature ou très caillouteux ou marneux, le mieux est encore de l'attaquer par une charrue soussoleuse qui le travaille en le laissant en place.

Les terres dont on a su entretenir la fertilité normale n'ont pas besoin d'être fortement fumées avant le défoncement, il suffira de mettre à la portée des racines des jeunes ceps une poignée de nourriture en les plantant. Celles au contraire qui sont épuisées ou pauvres doivent recevoir avant la plantation une forte fumure organique limitée seulement par les ressources du propriétaire et la rareté des fumiers, des terreaux ou des matières propres à cet usage.

PÉPINIÈRES ET PLANTATION

Dans la région méridionale on plante en place de préférence des plants enracinés que l'on greffe sur place l'année suivante autant que possible. Dans d'autres pays plus septentrionaux l'on préfère ne mettre en place que des plants tout greffés · et provenant soit de greffes-boutures faites sur table à l'atelier et mis ensuite en pépinière, soit de plants greffés en pépinière.

Quelle que soit la méthode employée, il est toujours bon d'avoir soit en pépinière, soit au sein même de la vigne sur quelques interlignes, à la condition qu'ils ne gênent pas la culture, des sujets de réserve pour remplacer les manquants de la plantation et du greffage s'il y a lieu.

Chaque propriétaire devrait avoir, jusqu'à ce que son vignoble soit reconstitué, un nombre de bons pieds mères suffisant au moins pour ses plantations annuelles ; il devrait greffer, sur des souches vigoureuses, les bois achetés à chers deniers et rares, de manière à avoir bientôt une grande quantité de sarments à utiliser. En greffant profondément, la greffe s'affranchira et vivra au bout de peu d'années avec ses propres racines.

En agissant ainsi le viticulteur est certain de la qualité de ce qu'il emploie et peut être certain que ses plantations ne laisseront rien à désirer sous ce rapport.

Les boutures coupées chez soi ou achetées au commerce et destinées à l'enracinement en pépinière, peuvent être conservées par paquets de 50 à 100 dans des jauges ou petites tranchées à parois verticales, un peu moins profondes que la longueur des boutures et d'une largeur proportionnée à la grosseur des paquets. On délaie un peu de la terre du fond avec de l'eau et on fait reposer la base des boutures sur la boue ainsi formée. Sous les climats rigoureux ou dans les années froides, il est bon de recouvrir les boutures avec un peu de paille, de fougères, ou de toute autre matière analogue.

On ne doit conserver dans des bassins ou dans l'eau courante que les boutures qui doivent être mises en pépinière à bref délai.

Quant à celles qui doivent servir de greffons il faut absolument les conserver stratifiées dans le sable frais, sans être humide.

Le terrain de la pépinière doit être défoncé comme celui de la vigne, bien assaini et bien engraissé. Le fumier de ferme soulève trop la terre et peut occasionner des échecs surtout dans les terrains légers ou peu consistants. Il doit céder la place aux engrais organiques pulvérulents ou aux engrais chimiques. La dépense en engrais ne doit jamais être pour le pépiniériste intelligent un sujet de souci, car les plants acquerront sous leur influence une valeur autrement considérable que le prix des matières fertilisantes. On doit donc employer au fond des jauges préparées pour les plantations des boutures des engrais à action énergique.

M. Vermorel dans son ouvrage sur les *Engrais de la vigne* recommande par hectare de pépinière, comme ayant donné chaque année d'excellents résultats, la formule suivante :

700 kil. Superphosphate à 15 p. 100 d'acide phosphorique, soit 105 kil. d'acide phosphorique.
200 —   Nitrate de potasse   ) soit 55 à 60 kil. d'azote
150 —   Sulfate d'ammoniaque) et 90 kil. de potasse.

Nous avons obtenu les plus beaux succès par l'emploi de notre engrais végétatif contenant 7 p. 100 d'azote, 5 à 5,5 d'acide phosphorique, 8 à 8,5 de potasse et 5 à 5,5 de sulfate de fer.

A la dose de 1000 kilogrammes par hectare cela donne environ :

Azote total . . . .   70 kil.
Acide phosphorique. . . . . . .   50 à 55 —
Potasse . . . .   80 à 85 —
Sulfate de fer. . . . .   50 à 55 —

Cette formule contient moins d'acide phosphorique que celle de M. Vermorel, mais nous aurons l'occasion de voir que cet élément peut être diminué sans inconvénient, tandis que le fer paraît très utile à la vigne.

Elle peut être considérée comme convenant aussi parfaitement aux pépinières.

Dans les terres meubles et très perméables il serait pourtant préférable d'employer un engrais moins soluble, nous donnons comme type susceptible de donner les meilleurs résultats notre tourteau organique de vidange à la dose de 40 à 50 kilogrammes par are de pépinière.

L'engrais une fois placé au fond de la jauge, seul ou mieux mélangé avec un peu de terre meuble ou de sable, on le recouvre d'autre terre friable dans laquelle on pique les boutures écorcées préalablement à la

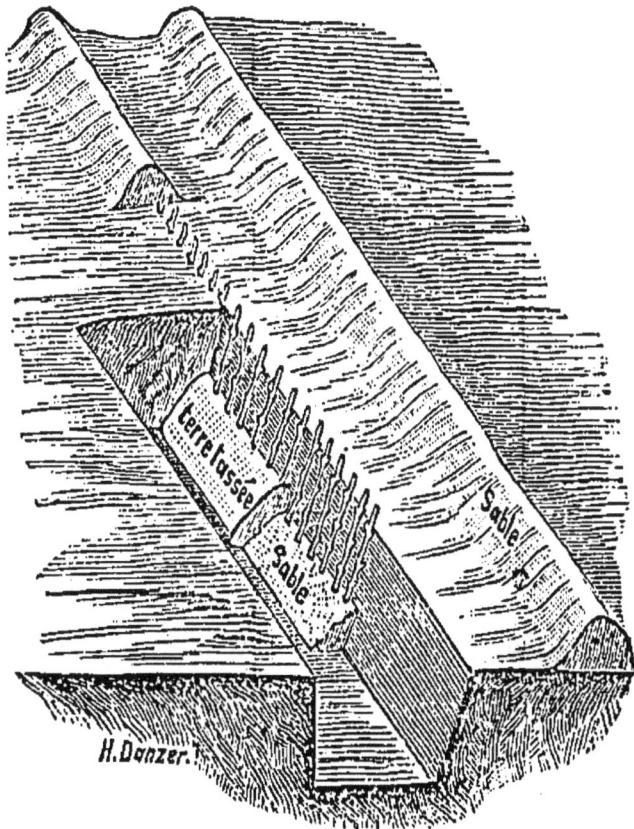

Fig. 2. — Plantation d'une pépinière.

base, on tasse légèrement avec le pied une nouvelle pelletée de terre et l'on comble ensuite la jauge en faisant un buttage (fig. 2).

Les boutures doivent être placées à environ 10 centimètres les unes des autres sur des lignes espacées de

60 à 80 centimètres. Il en contient donc de 12 à 1600 par are (120 à 160.000 par hectare).

Il n'y a pas d'autres soins d'entretien pour la pépinière que d'entretenir la propreté et la friabilité du sol, d'arroser lorsque c'est possible, de faire les traitements contre les maladies s'il y a lieu, et supprimer les racines françaises des greffés dans le courant du mois d'août.

Une fois arrachés les plants qui ne sont pas destinés à être utilisés immédiatement ne doivent pas être mis par paquets de 100 comme les boutures et mis ainsi en jauge, ils s'échaufferaient. S'ils sont en paquets il faut les délier et ne les étendre dans la jauge que sur une faible épaisseur, jusqu'au jour de leur emploi.

A quelle distance faut-il planter ? — Cette question est à peu près élucidée aujourd'hui pour chaque pays, et le mieux est de se conformer aux usages locaux. Les distances moyennes pour les vignobles du midi sont de 1^m,50 à 1^m,75 et plus l'on se rapproche des régions septentrionales plus les ceps sont rapprochés. Il semble que la chaleur se concentre mieux dans les vignes plantées serrées et qu'elles sont plus fructifères au total dans ces pays avec un grand nombre de souches à production relativement faible qu'avec un petit nombre de ceps à grand développement.

Dans les départements méridionaux où l'herbe est

assez facilement combattue et où les raisins mûrissent
facilement, l'on a conservé les plantations en carré *b*

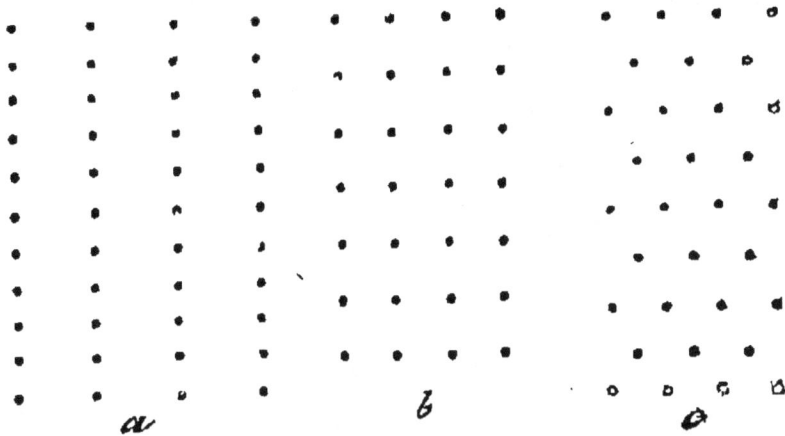

Fig. 3. — Disposition des ceps à la plantation.

ou en quinconce *c* (fig. 3) qui permettent les labours en
tous sens jusqu'à l'époque où la vigne étend ses pampres

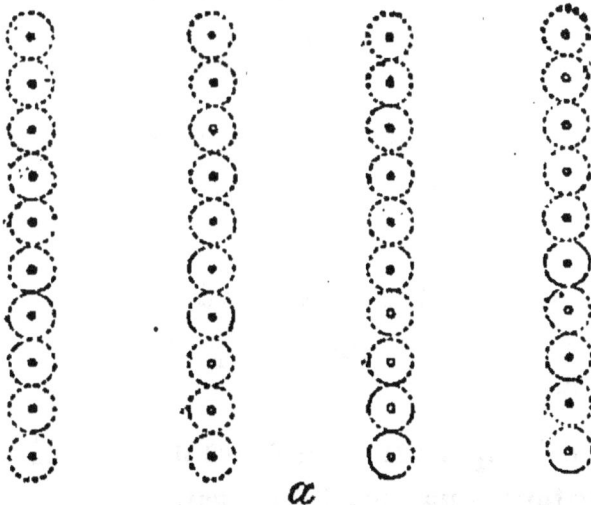

Fig. 4. — Autre disposition de plantation.

sur toute la surface du sol. Ailleurs et partout où la
situation des vignobles favorise le développement des

herbes, les gelées printanières, les maladies cryptogamiques, la tendance est au rapprochement des ceps sur
des lignes *a* suffisamment écartées pour la facile circulation de l'air, des hommes et des animaux à toute
époque de l'année (fig. 3 et 4). L'on tend même à y
mettre les vignobles plutôt en cordons, que sur échalas
plus coûteux à la longue qu'une installation définitive
sur fil de fer, et c'est ainsi que l'on plante les lignes
espacées de 1m,50 à 2 mètres avec les plants dis-
tants de 80 centimètres à 2 mètres sur la ligne suivant la vigueur des cépages employés. Chaque propriétaire doit consulter les résultats obtenus chez lui
et autour de lui avant de prendre une détermination.

A quelle époque faut-il planter? — M. Rougier
dans son ouvrage sur la *Reconstitution des vignobles*
s'exprime ainsi :

« La plantation des pieds enracinés peut se faire à
deux époques différentes : à l'automne et au printemps.

« Dans les terrains secs, il vaut mieux choisir la
première et mettre ces pieds en place aussitôt après la
chute des feuilles.

« Au printemps, on plante dès que le sol s'est res-
suyé et autant que possible avant le départ de la
végétation. Les terrains secs seront plantés avant ceux
qui restent longtemps humides. »

On place l'engrais (analogue à celui de la pépi-

nière si le terrain n'a pas été fumé avant le défoncement) sur la terre fine que l'on doit mettre au fond
des trous pratiqués pour la plantation et qui recouvre
les racines des plants racinés mis à demeure.

Jusqu'à l'année suivante les soins d'entretien sont
ceux que nous avons indiqués pour les pépinières. Ils
sont nécessairement moins dispendieux par suite de
la plus grande facilité de leur exécution.

GREFFAGE

GREFFAGE DE LA VIGNE

Quels cépages faut-il greffer? — Dans les pays
de vieille réputation viticole, les cépages locaux sont
les plus avantageux, et si quelques-uns sont tombés
en disgrâce par suite de leur sensibilité à diverses maladies récentes, ils doivent être remplacés, au besoin,
par d'autres qui y ont fait leurs preuves. C'est ainsi
que l'on greffe : aramon, carignan, cinsaut, morrastel,
petit Bouschet, alicante Bouschet, etc., dans le Bas-
Languedoc; petit gamay et pinot dans le Beaujolais;
cabernets, sémillon, malbec, merlot, etc., dans le
Bordelais; mais en dehors des pays de vieille culture viticole, il en est d'autres où les nouveaux plan-

teurs sont encore embarrassés pour le choix des cépages les plus avantageux. C'est à chacun à s'entourer des meilleurs renseignements et, dans chaque région, les professeurs départementaux et les Sociétés d'agriculture peuvent donner aux personnes qui sont dans l'indécision les meilleurs conseils adaptés à chaque situation.

Il ne faut pas oublier surtout que rien ne pourra s'opposer à ce que l'on plante d'ici peu autant et plus de vignobles qu'autrefois, et que ces vignobles donneront des récoltes plus importantes qu'avant l'invasion du phylloxera. Le commerce, ou la clientèle, qui aura le choix, s'adressera, à prix égaux, aux meilleures qualités, et les producteurs de vins de moindre valeur seront forcément obligés de baisser leur prix de vente pour les écouler. Seuls les pays privilégiés pouvant produire communément 100 hectolitres et plus à l'hectare, pourront dans ces conditions se rattraper sur la grosse production ; ailleurs, les viticulteurs, sans chercher à faire concurrence aux grands crus d'étrangers à leur pays, devront s'ingénier à produire de *bons* vins de consommation courante, par un choix judicieux de cépages qui pourront être en même temps assez productifs, sans être trop sujets aux ennemis de toutes sortes que nous passerons plus loin en revue.

Il ne faudra pas oublier de prendre en considération les époques de débourrement et de maturité des cépages nouveaux, de se renseigner sur la taille qui leur convient et de toutes les circonstances desquelles doivent résulter leur adoption ou leur rejet. Nous le répétons, il n'y a pas d'autre moyen de ne pas faire fausse route que de s'en rapporter à des personnes compétentes et aux expériences des plus anciens planteurs.

Enfin il est important de ne pas mélanger dans le même carré de vigne des cépages ayant des propriétés trop différentes. On commettrait de lourdes fautes en mélangeant : aramon, carignan, alicante Bouschet, etc., les uns ayant besoin de traitements inutiles aux autres à certaines époques, en mêlant les petit gamay, durif, petit Bouschet qui mûrissent de bonne heure avec les folle blanche, cinsaut, morrastel, colombaud qui mûrissent beaucoup plus tard, en ne séparant pas les cépages de taille courte de ceux qui exigent la taille longue pour bien fructifier.

Le propriétaire aura toujours plus de facilité pour faire mélanger au besoin les récoltes des différents carrés à la cuve que pour surveiller les traitements, la taille et les vendanges à échelonner et à bien faire dans les vignes, où toutes les variétés auront été greffées pêle-mêle.

Epoque du greffage. — On peut greffer des ceps âgés de plus de deux ou trois ans et cela se pratique communément pour les cépages dont on n'est plus satisfait de la production, mais en règle générale, on a plus de réussites et des soudures plus parfaites avec des ceps âgés de un à deux ans tout au plus. Les greffages en place ne doivent se faire que sur des plants ayant porté toute la végétation d'une année. A part de rares exceptions l'on perdrait du temps et de l'argent en pensant en gagner si l'on voulait greffer au printemps des plants mis en place depuis la dernière chute des feuilles. Il est encore préférable de retarder d'un an le greffage des plants trop malingres après une année de végétation.

Quant à l'époque proprement dite, il est admis aujourd'hui, et le congrès de Montpellier l'a confirmé, que les greffages de printemps seuls sont à recommander. Voici d'autre part les conseils de M. Rougier, professeur départemental d'Agriculture parfaitement d'accord avec les observations des praticiens :

« Une des conditions indispensables à la reprise des greffes, c'est d'éviter l'interruption de la végétation du greffon au printemps. En greffant de bonne heure, ce dernier peut se développer après quelques journées chaudes de mars ou d'avril, mais la jeune pousse étant très accessible aux recrudescences du froid, le moindre abaissement de température suffit pour compromettre la réussite du greffage.

« Il est donc nécessaire d'attendre le plus tard possible pourvu que l'on ait suffisamment de temps devant soi pour greffer. Les mois d'avril et de mai paraissent les plus favorables, mais en conservant bien les greffons on peut prolonger les greffages jusqu'au commencement de juin..»

Modes de greffages et ligatures le plus employées. — A l'atelier et pour les greffes sur boutures

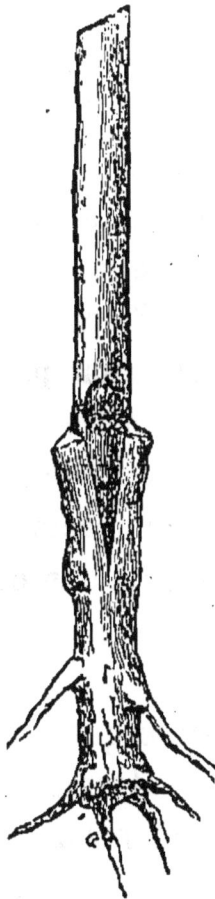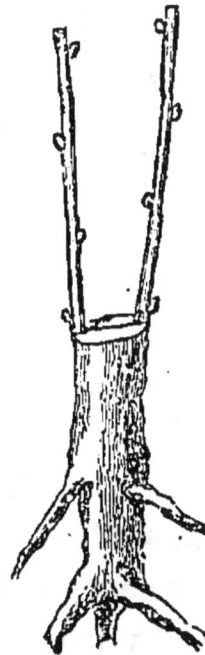

Fig. 5.	Fig. 6.	Fig. 7.
Greffe anglaise.	Greffe en fente pleine.	Greffe en fente de côté

ou sur racines, c'est surtout la greffe anglaise (fig. 5) qui est utilisée; — en place, c'est la fente pleine (fig. 6) que l'on emploie le plus communément sans exclure cependant la greffe anglaise pour les sujets faibles et la greffe en fente de côté (fig. 7) pour les sujets les plus forts.

Le greffage doit toujours être fait au niveau du sol ou un peu au-dessus.

Les meilleurs outils pour le greffage sont les couteaux d'excellente qualité dans les mains d'ouvriers habiles.

D'après les conclusions de M. Foëx au congrès de Montpellier : « Les ligatures au raphia et à la ficelle suffisent à la réussite du greffage. La greffe au bouchon s'est peu répandue ; elle constitue un procédé cher dont les résultats n'offrent pas toute la régularité désirable. Celle au bouchon perforé et fendu est préférable à celle du bouchon simplement fendu. »

Il n'est utile d'entourer la greffe de terre meuble ou de sable que dans les sols compacts. Partout les buttes doivent être volumineuses, hautes et larges afin que les influences atmosphériques aient moins d'action sur les greffes.

Enfin il est indispensable que chaque cep ait un échalas après le greffage ; autrement sous l'action des vents violents ou des intruments de culture et des animaux, les jeunes rameaux très fragiles pourraient être brisés ou les ceps décapités.

Soins d'entretien la première année de greffage. — Ils se résument à ameublir la surface des buttes si elle se durcit avant la sortie des jeunes pousses, à maintenir la terre propre et friable, à faire les traitements utiles contre les insectes et les maladies, à enlever les drageons américains lorsqu'ils ont une longueur de 15 à 20 centimètres et les racines parties des greffons dans le courant de l'été. Toutes ces pratiques sont tellement courantes que nous n'avons pas à nous y arrêter davantage.

TAILLE DE LA VIGNE

La taille de la vigne est une opération importante et demanderait dans un ouvrage destiné, comme celui-ci, aux viticulteurs de pays très différents, des descriptions trop détaillées qui n'intéresseraient que médiocrement nos lecteurs si nous voulions entrer dans les détails d'exécution des méthodes utilisées dans chaque région.

Nous ne pouvons que rappeler les principes généraux les plus utiles à connaître et nous puisons les renseignements qui vont suivre auprès des auteurs qui se sont livrés à des études spéciales sur la taille : Guyot, Foëx, Rougier, Perraud, Carré, Cazenave, etc.

La vigne ne porte normalement ses fruits que sur des rameaux de l'année, produits par le développe-

ment des yeux ou bourgeons de l'année précédente.
Lorsque l'on rabat à 2 yeux ou 3 yeux au maximum
les rameaux conservés pour la production, on fait
la *taille courte* ou à *coursons* (fig. 8); lorsque au con-

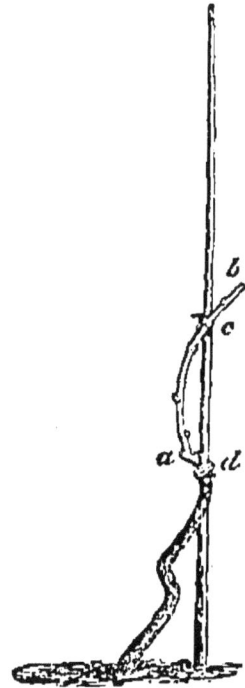

Fig. 8. — Taille à coursons.   Fig. 9. — Taille à long bois

traire on laisse un plus grand nombre d'yeux, on fait
la *taille longue* (fig. 9) et le sarment ainsi composé
de 4, 5, 6... yeux s'appelle *long bois*, *flèche*, *aste*,
ployon, etc., suivant les pays.

Lorsque l'on est en présence de cépages qui portent
leurs fruits sur les premiers yeux des sarments on doit,
d'une manière générale, les tailler à coursons, autrement l'on obtiendrait sans doute plus de fruits avec la

taille longue, mais ils seraient individuellement moins gros, moins bien nourris, ils mûriraient plus difficilement. De plus, la végétation faiblirait d'année en année, à moins d'être entretenue par des fumures toutes spéciales. C'est pour ces raisons que l'on doit tailler à coursons : Aramon, Carignan, petit Bouschet, Gamay, etc., lorsque l'on n'a pas des raisons spéciales d'agir autrement.

Il existe, d'autre part, une grande quantité de cépages qui portent leurs fruits les plus nombreux au delà du deuxième œil du sarment ou qui ne produiraient qu'une végétation herbacée excessive aux dépens de la fructification si on les taillait uniquement à coursons : cabernet, castet, pinot, etc. ; la taille longue s'impose pour eux.

Entre ces extrêmes, il y a nécessairement tous les intermédiaires auxquels on appliquera une taille en rapport avec les circonstances.

Il ne faut pas oublier que si, pour tous les cépages, les longs bois sont plus fructifères, ils ne donnent généralement naissance qu'à des fruits moins volumineux et à des rameaux moins vigoureux que les coursons, inversement ceux-ci donnent moins de production et plus de vigueur aux sarments.

On peut tailler des souches uniquement à coursons, et c'est le cas général pour les gobelets du Midi, mais il serait de la dernière imprudence de faire des tailles exclusivement à long bois; toutes celles qui sont bien conduites, bien comprises, même pour les cépages très vigoureux comprennent des flèches pour la production du fruit où les bois sont généralement peu développés surtout sur les premiers yeux des longs bois, et qui sont supprimées à la taille suivante, puis des coursons placés en avant des flèches, sur lesquels les bois se développent vigoureusement et servent aux éléments de la taille de l'année qui suit (fig. 10). Il n'y a que dans des cas tout à fait exceptionnels et avec des terrains de prédilection que l'on peut s'écarter de ces règles générales.

Fig. 10. — Taille à coursons et à longs bois.

Quelle que soit la méthode adoptée l'on doit toujours faire la section de la taille sur le nœud qui est audessus du dernier œil conservé. Bien des vignerons dédaignent ce procédé à cause du coup d'œil peu gra-

cieux, selon eux, donné aux souches après cette opération, mais les propriétaires ont tout intérêt à sacri-
fier ce coup d'œil ou le point de vue artistique aux
résultats positifs qui résultent des conseils donnés par
les meilleurs observateurs.

La taille peut se faire pendant toute la durée du
repos de la végétation, mais il faut l'interrompre au
moment des grands froids.

Les tailles précoces entraînent un débourrement
plus hâtif que les tailles tardives, et l'on doit toujours
commencer la taille, lorsqu'elle doit durer longtemps,
par les parties élevées ou qui craignent le moins les
gelées printanières.

Dans beaucoup de pays l'on fait d'abord une taille
préparatoire par laquelle on enlève tous les bois inutiles, ne laissant en entier ou modérément raccourcis
que les rameaux qui doivent servir à former les coursons et les flèches et que l'on taille à leur tour très
rapidement peu de temps avant le départ de la végétation.

Formes et hauteur à donner aux souches. — In-
cidemment, en parlant des distances à mettre entre les
ceps, nous avons fait ressortir les avantages et les
inconvénients des souches en gobelet avec ou sans
échalas et des souches en cordons sur fil de fer ; nous
n'y reviendrons que pour donner quelques détails
complémentaires.

Règle générale : la meilleure forme à donner aux souches est celle que l'usage a consacrée par les siècles dans chaque pays. Cette règle générale tend cependant à perdre de sa valeur depuis que toutes sortes de fléaux se sont abattus sur les vignes, au moins en dehors de quelques départements du Midi où ils sont plus faciles à combattre que dans les autres pays.

Il devient urgent, en effet, dans une grande partie du vignoble français, d'aérer les souches pendant l'été, de nettoyer le sol et d'en entretenir la friabilité à la surface, d'opérer promptement et très bien les traitements antiparasitaires, soit avec les appareils à main ou à dos d'homme, soit avec les appareils à traction animale. Tous ces travaux semblent devoir exiger l'usage des échalas ou mieux encore des fils de fer.

Nos lecteurs consulteront, à ce sujet, avec profit, un petit ouvrage très en vogue de M. Carré, professeur départemental d'agriculture : *Taille de la vigne sur cordon unilatéral permanent, système de Royat*[1]. Ils y trouveront tous les renseignements désirables sur l'installation des fils de fer et sur la formation des cordons sur lesquels l'on peut pratiquer à volonté la taille à coursons, ou la taille mixte, à coursons et à flèches, ou encore passer d'un système à l'autre sans à-coup dans la production.

---

[1] Taille de Royat, précédée d'un manuel complet pour l'installation des fils de fer, 4e éd., avec 74 fig. dans le texte, par A. Carré. Prix franco : 2 fr. 50.

M. Foëx, dans son *Cours* magistral *de viticulture*[1] et M. Perraud, professeur de viticulture, à Ville-franche (Rhône), dans son remarquable ouvrage *la Taille de la vigne*[2], ont passé en revue à peu près tous les systèmes de taille connus, y compris ceux qui ont été décrits par leurs auteurs : Guyot, Cazenave, Marcon, Mesrouze, etc.

Il faudrait un gros volume pour en donner un aperçu à nos lecteurs, ce qui prouve que du côté de la taille, la vigne est bonne fille. Une fois bien établie elle est avant tout sensible aux soins culturaux et d'entretien. Donnons-lui de quoi vivre et préservons-la de ses pires ennemis, pendant la végétation, elle ne se fâche pas outre mesure des coups de sécateur qui lui sont si souvent distribués à tort et à travers par les vignerons inhabiles plus communs que les autres.

La hauteur des gobelets ou des cordons au-dessus du sol doit enfin être d'autant plus grande que les gelées printanières sont plus à craindre ; l'on retarde un peu la maturité en élevant la souche, mais dans les situations basses et dans les endroits où la ma-

---

Cours complet de viticulture, 3e éd., par G. Foëx, prix : 18 fr. 60; franco poste : 20 francs.

[2] *La taille de la vigne*, 2e éd., avec 275 fig. dans le texte, par J. Perraud. Prix franco : 5 francs.

A la librairie du Progrès agricole et viticole à Villefranche (Rhône).

turité se fait tardivement, il faudra, nous l'avons vu, choisir des cépages en rapport avec les lieux.

Nous aurions voulu, avant de passer outre, établir le prix de revient de l'installation du vignoble depuis les travaux préparatoires jusqu'à sa première récolte qui a lieu ordinairement la deuxième année après le greffage en place ou après la plantation des plants greffés. Nous nous sommes buttés vraiment à des difficultés telles, à cause des variations des prix de chaque chose suivant les milieux, que nous préférons laisser à chacun le soin d'établir son devis. Il faut tenir compte de l'intérêt de la valeur du sol, de l'amortissement des capitaux engagés pour défoncement, achat de plants ou boutures, fumure, plantation, greffage, traitements, taille, etc., des dépenses à faire pour le chai au besoin et pour la vaisselle vinaire, et tous ces calculs faciles pour chaque particulier ne peuvent être généralisés pour l'ensemble d'un territoire.

Ce que l'on peut dire et affirmer, c'est qu'avant de commencer l'installation d'un vignoble le viticulteur, comme l'industriel, doit regarder bien en face son entreprise et proportionner celle-ci à ses ressources afin de pouvoir, non seulement en jeter les fondations, mais en entretenir ensuite économiquement la production. Ce n'est pas la dimension de l'usine qui donne la mesure de la fortune de l'industriel, pas plus que la surface des vignobles n'est un indice certain de celle de leurs propriétaires. Les bénéfices ne sont assurés qu'à ceux qui, sur les grandes comme sur les petites superficies, sauront appliquer les méthodes, nous ne disons ni les plus dispendieuses, ni les moins coûteuses, mais les plus économiques, c'est-à-dire, assurant, au bout de l'opération, l'intérêt le plus élevé de la somme d'argent, quelle qu'elle soit, avancée pour l'entreprise.

DEUXIÈME PARTIE

ENTRETIEN DU VIGNOBLE

Nous sommes en présence de l'un des chapitres les plus importants de notre Manuel.

Après avoir établi le vignoble dans les meilleures conditions et l'avoir amené péniblement au point où le viticulteur est en droit de lui demander enfin la rémunération de ses peines, il importe de le maintenir indéfiniment en bonne production. Il faudra pour cela donner au sol la fertilité nécessaire et lorsque celle-ci existera, il sera urgent de faire en sorte que la vigne seule puisse l'utiliser et aussi complètement que possible. C'est par une culture raisonnée que nous atteindrons ce dernier but, à la condition d'autre part que nous sachions la défendre contre ses ennemis de toutes sortes.

Cette deuxième partie comprendra donc trois sections distinctes :

1° L'étude et l'utilisation des matières fertilisantes;

2° La culture proprement dite ;

3° Les traitements contre les insectes et maladies de la vigne.

I. — MATIÈRES FERTILISANTES

Il fut un temps où l'on se demandait s'il était utile, s'il n'était pas nuisible même, de fumer les vignes et où bien des personnes, même parmi les classes instruites, s'imaginaient que les engrais étaient susceptibles d'altérer la qualité des vins.

Ces préjugés, basés sur de fausses interprétations ou sur des observations mal contrôlées, sont aujourd'hui tombés devant l'évidence d'une multitude de faits en démontrant la parfaite inanité ; des milliers de viticulteurs sont en droit d'affirmer, après des emplois fréquemment répétés d'engrais de toute sorte, qu'une fumure bien comprise, loin de nuire à la qualité du vin ne peut que l'améliorer tout en augmentant notablement la récolte.

L'étude des matières fertilisantes à donner aux vignes est des plus importantes puisqu'il s'agit ici des dépenses qu'il faudra renouveler périodiquement et souvent, qui ne seront que des avances faites au sol à gros intérêt si on sait les faire à propos.

Combien de viticulteurs n'emploient encore aujourd'hui les engrais que par imitation, parce qu'ils en ont contrôlé les bons effets chez des confrères voisins?

Combien parmi eux pourraient obtenir des résultats plus satisfaisants s'ils agissaient en connaissance de cause sans dépenser davantage, au lieu de s'en rapporter au premier venu?

Nous ne craignons nullement de déclarer que notre but principal, en publiant ce petit ouvrage, a été de mieux faire connaître à nos nombreux clients les moyens de bien profiter des ressources que nous pouvons mettre à leur disposition. Nous voulons que tous connaissent les raisons pour lesquelles nous leur recommandons tel ou tel produit et les placer dans des conditions telles qu'ils ne puissent mettre sur le compte de nos envois, en cas d'insuccès, ce qui pourrait provenir d'autres causes. — C'est pour cela que nous leur avons indiqué les méthodes les plus recommandables pour établir leurs vignobles, et c'est pour la même raison que nous leurs rappellerons les moyens de les mettre à l'abri de leurs ennemis dans la mesure du possible, afin que les effets des engrais ne soient pas trop contrariés par des vices capitaux d'organisation et d'entretien des vignobles.

C'est en consultant les auteurs et les praticiens les plus éclairés : Joulie, Muntz, Portes et Ruyssen, Grandeau, Saint-Pierre, Foëx, Degrully, Mares, Vermorel, Rougier, Chauzit, etc., etc., que nous sommes arrivés à être bien fixés sur les besoins de la vigne et

à mettre finalement à la disposition des viticulteurs
les engrais les plus en rapport avec chaque situation.
Les conclusions présentées au dernier congrès de
Montpellier ont confirmé la plupart des pratiques de
de ces savants et, lorsque nous aurons sommairement
analysé ou résumé leur enseignement, nos lecteurs
reconnaîtront que cette question naguère si obscure
des engrais pour la vigne est actuellement très sim-
plifiée.

Quels sont les besoins de la vigne. — Aujour-
d'hui surtout qu'elle est tourmentée par une multitude
de fléaux, la vigne ne saurait être un sujet de sérieux
profits pour les propriétaires qu'à la condition de leur
donner des récoltes relativement abondantes, ou, en
d'autres termes d'être dirigée et cultivée d'une manière
intensive.

Tous les autres frais étant les mêmes, de deux
vignes : l'une privée indéfiniment de fumure suffisante
l'autre engraissée convenablement, celle-ci compen-
sera largement par un surcroît de production, en
année moyenne, la dépense économisée pour la première.

Nous sommes d'autre part parfaitement d'avis qu'une
fois amené à un degré normal de fertilité, le sol ne
doit recevoir qu'une fumure en rapport avec la récolte
précédente. Si pour une raison accidentelle quelconque
gelée, inondation, grêle, survenue après une fumure

faite selon les règles, la vigne n'a presque rien produit, nous admettons et nous conseillons même la privation d'engrais pour l'année suivante.

Mais si, au contraire, elle s'est chargée de récolte et si elle a donné des bénéfices satisfaisants, nous ne saurions comprendre qu'un viticulteur fût assez ingrat pour lui marchander la récompense de ses bons services et hésitât à lui fournir les moyens de les renouveler en lui donnant un engrais d'autant plus énergique que les vendanges précédentes auront été plus abondantes, c'est-à-dire plus épuisantes pour le sol.

Est-ce à dire qu'il ne faudra fumer la vigne abondamment qu'après une grosse récolte ?

La réponse n'est pas douteuse, n'est-ce pas? Si nous refusons une fumure coûteuse à une terre fertilisée qui par suite d'un accident n'a rien produit nous engageons au contraire à donner au sol la nourriture qui lui manque pour fructifier abondamment si son défaut de production provient de sa pauvreté naturelle ou de son épuisement en principes fertilisants.

Les éléments les plus importants pour la nutrition de la vigne sont : l'*azote*, l'*acide phosphorique* et la potasse. Elle affectionne en outre les terrains ferrugineux en contenant une certaine dose de fer, et si l'excès de calcaire peut être très nuisible aux nouvelles plantations, il n'en reste pas moins exact que le sol, doit en contenir une petite quantité pour que la vigne puisse croître convenablement.

Les agronomes admettent qu'une terre ne possède un degré de fertilité normal ou assez élevé pour que l'on n'ait à se préoccuper que de la restitution des éléments enlevés par les récoltes qu'à la condition de contenir :

Azote.	**1** p. 1000
Acide phosphorique	**1** —
Potasse.	2,5 —
Chaux	5 —

On n'est pas fixé encore sur les doses de fer, de magnésie, d'acide sulfurique qui peuvent être utiles, mais aucun de ses éléménts ne paraît inutile et il faudrait les introduire dans les engrais si la terre n'en contenait pas.

La pratique paraît avoir prouvé que les autres éléments que l'on trouve dans les analyses des végétaux sont toujours en abondance suffisante dans le sol pour que l'on n'ait pas à se préoccuper de lui restituer ceux qui sont enlevés par les récoltes.

Nous ne pouvons entreprendre de citer ici trop d'exemples des principes enlevés au sol par la vigne ; deux seulement choisis parmi les meilleurs, c'est-à-dire auprès des hommes qui se sont le plus sérieusement occupés de cette question suffiront pour nous en donner une idée très nette.

M. Müntz s'est livrée sur les besoins de la vigne à des études très longues et minutieuses sur des vignobles très importants. Pour le Midi, il admet qu'une récolte de 75 à 190 hectolitres enlève au sol par hectare (raisin, marc, feuilles, sarments et lies) :

Azote. . . . . 37 à 74 kil.
Acide phosphorique . . . . . . 10 à 17 —
Potasse. . . . . 28 à 71 —
Chaux. . . . . 50 à 135 —
Magnésie . . . . 4 à 10 —

Il admet, d'autre part, avec tous ceux qui se sont occupés des questions d'engrais, que ces quantités ne peuvent servir de base rigoureuse dans l'établissement des doses à fournir au sol par les fumures et que celles-ci doivent toujours être beaucoup plus importantes, attendu que tous les éléments donnés à la terre par les engrais ne sont pas utilisés par la vigne.

MM. Foëx et Marès admettent qu'une récolte de 120 hectolitres de vin d'Aramon, entraîne les déperditions suivantes :

MATIÈRES EXPORTÉES	AZOTE	POTASSE	ACIDE PHOSPHO-RIQUE
120 hectolitres de vin.. .	$2^k,40$	12^k	»
1,680 kil. de marcs de raisins.	15 ,42	7 ,76	8^k
3,160 — de sarments verts.	3 ,41	3 ,95	»
1,303 — de feuilles sèches.	24 ,26	4 ,03	$4^k,81$
Total.	$45^k,49$	$27^k,74$	$12^k,81$

C'est en azote que la perte est le plus sensible; celle

de l'acide phosphorique n'est pas aussi importante, elle n'équivaut pas à la moitié de celle de la potasse. — Il est probable que la vigne peut puiser une partie de son azote à l'air, mais il faut qu'elle trouve dans le sol la totalité des éléments minéraux : acide phosphorique, potasse, chaux, fer, etc. Il faudra se préoccuper dans la fumure non seulement de restituer ce qui a été enlevé, mais d'enrichir le sol s'il est pauvre en éléments fertilisants. C'est par tâtonnements que l'on est arrivé à la longue à établir des formules d'engrais appropriés à chaque situation.

Dans leurs conclusions au congrès de Montpellier, MM. Muntz et Lagatu assurent : « que les quantités de matières fertilisantes ainsi déterminées ne peuvent pas servir de base rigoureuse à la fumure, qui doit toujours être notablement plus abondante, car tous les aliments que nous donnons à la terre ne vont pas à la plante ; mais elles doivent servir de guide pour ces fumures. »

RÔLE DE CHACUN DES PRINCIPAUX ÉLÉMENTS FERTILISANTS

« L'azote tient, parmi les principes fertilisants essentiels, le premier rang et toutes les formules d'engrais sans azote, préconisées ces dernières années, doivent être rejetées absolument comme ne tenant aucun compte des besoins de la vigne. »

Ces dernières conclusions de M. Muntz sont peut-être un peu exagérées dans certains cas ; il n'en est pas moins vrai que sans azote la vigne ne peut se développer et nourrir la récolte qu'elle porte. C'est l'azote qui est l'agent principal de la croissance et du développement de toutes les parties herbacées et jamais une souche étiolée ou chétive n'a mené à bien une grosse récolte. — En conséquence l'état, de la végétation sera le meilleur indice des besoins du sol en cet élément, et si elle n'est pas extraordinairement belle, si la vigne ne *s'emporte pas à bois* aux dépens du fruit, l'on peut en conclure que les engrais doivent contenir une certaine dose d'azote. Celle-ci sera d'autant moindre que la végétation sera plus exubérante, elle s'accroîtra au contraire proportionnellement à la faiblesse des parties foliacées.

L'acide phosphorique et la potasse ont la réputation méritée de pousser de préférence à la production du fruit.

Enfin la chaux, le fer, la magnésie incorporés aux sols qui en manquent aident sensiblement à la vigueur de la souche tout entière et augmentent la fructification.

SOURCES DE L'AZOTE

L'azote est contenu en proportions variables dans toutes les matières organiques : fumier, terreau, matières fécales, poudrette, tourteaux, cornailles, chiffons, etc., et dans certaines substances minérales au nombre desquelles figurent principalement les engrais chimiques suivants : nitrates de soude, de potasse et sulfate d'ammoniaque.

L'*azote organique* n'est pas assimilé sous cette forme par les plantes, il doit se transformer insensiblement sous l'action des agents contenus dans le sol, en nitrates que les racines peuvent alors absorber. — Son, action est donc relativement lente, mais il se conserve mieux dans le sol et les pluies n'ont que peu d'action sur lui tant qu'il est sous la forme organique.

L'azote ammoniacal est d'ordinaire fourni par le sulfate d'ammoniaque, sel essentiellement soluble. Il peut être directement absorbé par les végétaux, mais comme, une fois dans le sol il se transforme très rapidement en azote nitrique, c'est ordinairement sous cette forme qu'il arrive à la portée des radicelles de la vigne. L'action de l'azote ammoniacal dans les engrais appliqués à cet arbuste est donc plus prompte que celle de l'azote des matières organiques, mais plus lente que celle de l'azote des nitrates.

L'*azote nitrique* provient des nitrates dont les plantes peuvent profiter à partir du moment où ils se trouvent en contact avec les racines. Les nitrates sont des engrais très énergiques et précieux en ce sens que leur action est certaine pourvu que le sol contienne une petite dose d'humidité. Ils favorisent en même temps l'assimilation des autres engrais par les plantes. Ils sont, il est vrai, sujets à être entraînés par les pluies dans les profondeurs des sols bien défoncés, mais c'est précisément là pour la vigne un avantage que l'on a pu remarquer de toutes parts en 1893, année si cruellement fameuse par sa sécheresse extraordinaire. Ils entraînent, en effet à leur suite, les racines qui vont puiser dans les couches profondes du terrain l'humidité et les engrais qui s'y sont accumulés et qui y restaient mal utilisés ou sans profit pour la vigne.

C'est pour cela que les meilleures formules d'engrais sont, sans autres considérations, celles dans lesquelles les nitrates entrent pour une partie tout au moins. Celles que l'on doit appliquer forcément avant ou pendant l'hiver et en une seule fois, gagneront à contenir de l'azote organique ou ammoniacal, mais elles doivent renfermer en même temps une certaine dose d'azote nitrique.

Nos engrais complets pour vigne sont constitués de manière à répondre à ce desideratum et les innombrables succès qu'ils ont partout donnés sont une preuve que de ce côté la pratique est complètement d'accord avec la théorie.

SOURCES DE L'ACIDE PHOSPHORIQUE

L'acide phosphorique entre en notable proportion dans la constitution de tous les végétaux et animaux principalement sous forme de phosphate de chaux.

Le phosphate de chaux se trouve dans les cendres, les tourteaux, les os, etc. Il se trouve surtout à l'état naturel dans certains sols où la nature l'a accumulé en proportion variable : phosphates fossiles, naturels ou minéraux, qui sont exploités industriellement pour les besoins de l'agriculture.

L'acide phosphorique contenu dans les phosphates naturels n'est pas assimilable tout de suite par les végétaux, ce n'est qu'insensiblement sous l'action des acides et autres agents contenus dans le sol qu'ils peuvent profiter aux plantes. Les phosphates naturels sont insolubles dans l'eau pure et dans une substance chimique appelée citrate d'ammoniaque.

Si on les soumet à l'action de divers réactifs chimiques, à celle de l'acide sulfurique notamment, ils sont profondément modifiés et, au lieu d'être insolubles comme précédemment ils contiennent une proportion de phosphate qui se dissout dans l'eau et une autre qui sans se dissoudre dans l'eau est devenue soluble dans le citrate d'ammoniaque. En pratique, on a reconnu que les phosphates solubles dans l'eau et dans le citrate ont sensiblement la même action sur les végétaux et le commerce leur a assigné à peu près la même valeur.

Ainsi modifiés chimiquement, les phosphates sont devenus des produits auxquels on a donné le nom de *superphosphates*.

Les phosphates naturels, si finement moulus qu'ils soient, ne peuvent jamais être réduits en poudre aussi impalpable, aussi divisée que celle des superphosphates, et indépendamment d'autres considérations, nous nous expliquons facilement que l'action de ces derniers soit plus immédiate et plus énergique que celle des premiers. La nourriture est, si nous pouvons nous exprimer ainsi, mieux préparée, mieux mâchée pour les organes délicats des radicelles qui doivent l'absorber, par les superphosphates, et c'est la raison pour laquelle, en viticulture tout au moins, ils se montrent 90 fois sur 100 plus efficaces et plus économiques que les phosphates naturels.

Les *scories de déphosphoration* de la fonte provenant des grandes usines métallurgiques contiennent une assez forte quantité de chaux et de phosphate de chaux insoluble. dans l'eau et le citrate. Elles sont recommandables en agriculture proprement dite et pour certaines terres. Les viticulteurs jusqu'ici sont restés très sobres de louanges à leur égard et ils ont gardé leurs préférences pour les superphosphates. Les bons effets du fer qu'elles contiennent et auquel les scories doivent dans certaines circonstances une action efficace manifeste, peuvent être plus économiquement et plus sûrement obtenus par l'adjonction à la fumure d'une faible dose de sulfate de fer, ainsi que nous le verrons plus loin.

SOURCES DE LA POTASSE

La potasse comme l'acide phosphorique entre dans la composition des végétaux et beaucoup de substances animales en renferment une certaine proportion. Le fumier, les cendres, les tourteaux en contiennent des doses variables. Les engrais potassiques : nitrate, sulfate, carbonate de potasse, sulfure, chlorure, sulfocarbonate de potassium sont les sources les plus usitées de la potasse contenue dans les engrais chimiques. Les avis sont partagés sur les préférences à donner aux uns et aux autres, on admet néanmoins que le carbonate de potasse est encore trop coûteux pour être bien utilisé, le nitrate donne des effets merveilleux par son action double due à la potasse et à l'azote qu'il contient ; son prix relativement élevé fait seul que les viticulteurs des pays où la production n'est pas très abondante ont donné la préférence au sulfate et au chlorure qui ont l'un et l'autre sensiblement la même valeur pratique.

VALEUR COMMERCIALE DES ENGRAIS

Quel que soit l'engrais employé, le cultivateur doit se rendre compte de sa valeur réelle en argent. Il doit payer les matières utiles au cours du marché absolument comme toute autre marchandise et tous les négociants honorables engagent leurs clients à bien vérifier l'authenticité des dosages, déclarés sur les factures. L'azote, l'acide phosphorique, la potasse se vendent à des prix fixés par le marché, et les engrais ont une valeur proportionnée à leur teneur en ces éléments.

La demande des engrais est devenue aujourd'hui si considérable que les négociants, tout en ne faisant qu'un bénéfice minime sur chaque balle livrée au client, peuvent néanmoins faire des affaires assez brillantes au total, à la condition qu'elles soient vraiment nombreuses ou importantes.

Mais les viticulteurs ont à se mettre en garde contre les marchands qui arrivent à offrir à leur clientèle des engrais déclarés de titre ou richesse égale à meilleur marché que les cours généraux du jour. Ils doivent, dans tous les cas, n'acheter qu'avec garantie de dosage.

Le jour où ce principe sera bien connu, et surtout bien mis en application, où tous les fournisseurs ne pourront que se faire une concurrence vraiment loyale, les viticulteurs ne connaîtront plus les déceptions par

lesquelles un trop grand nombre d'entre eux sont
passés à la suite d'achats d'engrais fraudés ; ils donneront une confiance méritée aux matières fertilisantes
et ils n'auront plus à se préoccuper que de les employer
avec discernement. Nous allons, à ce sujet, entrer dans
les détails d'application en passant en revue les engrais
les plus communément utilisés et les plus recommandables.

ENGRAIS ORGANIQUES

FUMIER DE FERME

Les fumiers, avec quelques autres engrais animaux
et les terreaux, ont servi pendant longtemps presque
exclusivement à la fumure des vignes. Ils ont l'avantage de contenir une certaine proportion de tous les
éléments utiles à la végétation, mais cette proportion
est extrêmement variable avec les animaux, leur alimentation, leur âge, etc., et toujours certains éléments sont en trop faibles quantités, alors que d'autres
sont inutilement en surabondance. Ils sont encombrants et d'un emploi long et pénible ; la seule compensation qu'ils offrent à ce défaut, c'est d'apporter
au sol une certaine quantité d'humus ou de matières
organiques, qui parfois en améliorent les propriétés
physiques.

Les anciens n'avaient pas à se préoccuper outre mesure de ces inconvénients, la main-d'œuvre était bon marché, la vigne utilisait une partie des substances utiles du fumier, le reste se perdait sans qu'il y ait eu là matière à les émouvoir.

Aujourd'hui les circonstances de la production et de la vente ont changé. Ce n'est qu'à la condition d'atteindre au meilleur compte possible un *quantum* de récolte déterminé par hectare que les viticulteurs peuvent soutenir avantageusement la concurrence de leurs innombrables confrères. Ils ont, en outre, tout comme les industriels et négociants, à se préoccuper du prix de revient de leur vin et de sa qualité, car dans bien des circonstances leur clientèle ne leur sera fidèle, comme nous le disions dans notre avant-propos, qu'à la condition de pouvoir lui livrer aussi bon et meilleur que le voisin et à prix égal ou inférieur.

Le fumier de ferme est un bon engrais, mais mal déterminé, ayant besoin d'être complété suivant les circonstances par un apport d'engrais supplémentaires phosphatés et potassiques. De plus, dans les pays méridionaux essentiellement viticoles surtout, il fournit généralement les éléments utiles à des prix bien plus onéreux que la plupart des autres engrais du commerce, ainsi que l'a démontré le savant professeur d'agriculture de l'école de Montpellier, M. Degrully (p. 106, t. XV du *Progrès agricole et viticole*) :

« Le fumier est incontestablement un bon engrais,

produisant toujours une action manifeste dans tous
les terrains; mais où l'on dépasse certainement la
mesure, c'est quand on consent à le payer à des prix
exorbitants et bien au-dessus de sa valeur réelle.

« Les agriculteurs ne se rendent pas toujours assez
compte de sa richesse réelle et, par conséquent, de la
valeur qu'on doit lui attribuer.

« Ils sont habituellement livrés à l'état frais ; c'est
donc sous cette forme que nous avions à en apprécier
la valeur marchande.

« Nous donnons ci-dessous la composition du fumier
frais de cheval, d'après divers analystes :

COMPOSITION ET VALEUR DES ÉLÉMENTS FERTILISANTS DE 1,000 KILOS
DE FUMIER FRAIS DE CHEVAL

Auteurs des analyses.	Eau.	Azote.	Acide phosphorique.	Potasse.	Valeur des 1.000 kilos[*].
Wolff. . .	713	5,80	2,80	5,30	14 fr. 19
Muntz[1] . .	573	4,40	2,90	5,60	12 fr. 11
— [2] . .	649	4,80	3,20	8,40	14 fr. 47

« Les éléments fertilisants contenus dans 1.000 kilogrammes de fumier frais de cheval valent donc au
cours actuel, de 12 à 14 fr. 50. Il est vrai que le fumier
contient une assez forte proportion de matières organiques, mais nous avons estimé les éléments fertili-

[1] Chevaux de troupe.
[2] Chevaux d'omnibus.
[*] Cours de 1891 : azote 1 fr. 65; acide phosphorique 0 fr. 63 ;
potasse 0 fr. 54 le kilo.

sants au maximum de leur valeur, et comme, en réalité, ceux du fumier sont moins assimilables que ceux des engrais chimiques, nous pensons qu'il y a là, surtout si l'on tient compte des frais considérables de charroi et d'épandage, une compensation suffisante. »

M. Degrully passe ensuite en revue les prix auxquels sont vendus communément les fumiers dans la région méridionale et donne plusieurs exemples montrant qu'il n'est pas rare qu'ils reviennent à 20 francs les 1.000 kilogrammes aux acheteurs. Il cite l'exemple du Syndicat agricole de Montpellier, qui a payé 11 fr. 20 les 1.000 kilogrammes les fumiers d'artillerie en gare de Castres en 1891, ce qui les portait à 17 fr. 65 en gare de Montpellier, et jusqu'à 19 francs en gare des syndiqués.

Le même auteur ajoute :

« Les économistes nous diront que le fumier obéit à la *loi de l'offre et de la demande* et que, s'il est très cher, c'est qu'il est très demandé.

« La concurrence est certainement une bonne chose, mais quand les agriculteurs la comprennent de cette façon, à leur préjudice, on est à se demander s'ils ne font pas, en réalité, une mauvaise opération. »

Nous n'ajoutons rien à un raisonnement si concis et si exact et nous livrons simplement ces lignes à la méditation des viticulteurs.

CROTTINS DE MOUTONS

Les crottins de mouton sont encore plus en faveur auprès des viticulteurs que le fumier de ferme. Ils sont moins encombrants et sous un plus faible volume ils ont plus d'effets.

Ils contiennent, d'après M. Mares, p. 100 :

Azote 1,910
Acide phosphorique. 2,150
Potasse 0,570

Cette proportion de potasse est trop faible pour celle des autres éléments, et M. Mares admet qu'il faut ajouter 120 kilogrammes de sulfate de potasse à raison de 1/3 chaque année pour que la fumure de 9,000 kil. que l'on emploie pour trois ans soit complète.

Elle contient alors :

NATURE DES ÉLÉMENTS	POIDS TOTAL POUR 3 ANS			
	Engrais.	Azote.	Acide phosphorique.	Potasse.
Crottins de mouton. .	9,000^k	171^k,90	193^k,50	51^k,03
Sulfate de potasse (50 % de potasse) .	120	»	»	60
Total. . . .	9,120^k	171^k,90	193^k,50	111^k,03

« Cette formule, écrit M. Foëx dans son magistral

Traité sur la Viticulture, malgré sa réduction dans la quantité employée, montre que la fertilisation par le crottin de bergerie est un peu plus chère que celle au fumier de ferme ; en effet, si nous admettons pour cet engrais le prix de 4 fr. 50 les 100 kilogrammes, pour le sulfate de potasse celui de 25 fr. 25 les 100 kilogrammes, et pour le fumier de ferme celui de 13 francs les 1.000 kilogrammes, le coût respectif des fumures par an sera :

Fumure au fumier de ferme, 10,000 kil. à 13 fr.   130 fr.
Fumure au crottin de bergerie :
    Crottin, 3,000 kil. à 4 fr. 50 les 100 kil. . 135
    Sulfate de potasse, 40 kil. à 26 fr. 25 les
    100 kil. . . . . 10 fr. 50

                                  145 fr. 50

Après avoir démontré que la fumure au fumier de ferme est plus onéreuse que celle des engrais chimiques, nous n'avons donc qu'à constater que l'emploi de ces derniers est *à fortiori* plus économique que celui des crottins de moutons.

MATIÈRES FÉCALES ET TOURTEAUX ORGANIQUES DE VIDANGE

Outre qu'elles sont d'un emploi peu facile et que leur production est fort limitée, les matières fécales ne peuvent être employées avantageusement qu'avec le concours d'autres engrais.

A l'état naturel, elles sont trop riches en azote et ne contiennent que relativement peu d'acide phosphorique avec des traces insignifiantes de potasse.

L'ensemble des matières fécales produites par les habitants des grandes villes n'en représente pas moins une valeur fertilisante énorme, et les industriels se sont ingéniés pour les débarrasser de l'eau qu'elles contiennent en même temps que leur excès d'azote. qu'ils transforment en sulfate d'ammoniaque, afin de les rendre plus facilement transportables tout en restant très riches sous un faible volume.

C'est ainsi que nous avons obtenu nos tourteaux organiques de vidange que nous livrons en morceaux (en vrac ou en couffes) ou moulus et en sacs.

Cet engrais qui renferme 60 à 70 p. 100 de matières organiques excrémentielles contient :

Azote organique.	1	à 2 p. 100
Acide phosphorique soluble dans		
le citrate d'ammoniaque . . .	2,75 à 3	—
Potasse soluble dans l'eau. . .	1/2 à 1	—

Pour les vignes, il s'emploie, suivant le cas, seul ou combiné avec un sel de potasse. Employé seul, à la dose de 1 kilogramme par pied ou de 4 000 kilogrammes à l'hectare, il constitue la meilleure fumure que l'on puisse donner aux vignes jeunes qui ne sont qu'à leur première ou deuxième feuille et aux vignes à fruits, dans les terres suffisamment riches en potasse. Dans les terres qui ne sont pas suffisamment pourvues de potasse, voici les formules qui ont donné les meilleurs résultats :

	Par pied.	A l'hectare.
Tourteau organique.	1 kil.	4,000 kil.
Chlorure de potassium ou sulfate		
de potasse	$0^k,030$	120 —

ou encore :

Tourteau organique.	$0^k,650$	2,600 —
Nitrate de potasse.	$0^k,040$	160 —

Dans les terrains où l'on tient à entretenir une bonne proportion de matières organiques ces tourteaux sont fort précieux pour les viticulteurs.

Les *cornailles*, *chiffons de laine*, *cuirs*, sont riches en azote et contiennent un peu d'acide phosphorique sans potasse. Ce dernier élément doit en être ajouté lorsque l'on veut obtenir du fruit de la vigne.

Le *sang desséché* contient 12 à 15 p. 100 d'azote, c'est un engrais très énergique et à action très rapide que l'on ne doit employer qu'à l'instar du nitrate de soude. Il pousse fortement à la production foliacée ; allié avec des engrais phosphatés et potassiques, il produit des effets remarquables.

TOURTEAUX DE GRAINES OLÉAGINEUSES

Afin d'écarter, au sujet des tourteaux, les présomptions d'intérêt personnel que pourraient voir nos lecteurs dans les éloges que nous avons à en faire, nous

nous contenterons de citer textuellement l'opinion de
M. Foëx, dont le désintéressement est aussi reconnu
que la science, dans son *Traité de viticulture*, page 397.

« Les tourteaux sont, parmi les engrais, les plus
faciles à se procurer, et dont le transport est des plus
économiques vu la proportion d'azote et d'acide phosphorique qu'ils renferment. Ils offrent malheureusement l'inconvénient d'être très pauvres en potasse, élément dont on a vu la grande importance pour la
vigne. — Aucun des tourteaux usuellement employés
comme engrais n'en contient 3 p. 100. Dans ces conditions, il est nécessaire de les compléter par l'emploi
des sels de potasse.

« Voici quelques dosages des tourteaux les plus usités pour cent :

	Azote.	Acide phosphorique.	Potasse.
Tourteaux d'arachides brutes.	3,37	0,59	0,60
— d'arachides détorti-quées.	7,51	1,33	1,50
— coprah	3,90	1,12	2,54
— coton brut.	3,90	1,24	1,65
— coton décortiqué.	6,55	3,05	1,58
— colza exotique.	5,40	1,90	1,25
— sésame noir.	6,34	2,03	1,45

« Un certain nombre d'industriels de Marseille
traitent actuellement les tourteaux par le sulfure de
carbone, en vue d'en retirer l'huile qu'ils renferment
encore. — Cette opération n'est non seulement pas
nuisible à leur action comme engrais, mais elle augmente au contraire la proportion d'azote et d'acide

phosphorique qu'ils renferment, par le fait de l'élimination de la matière grasse qui est sans utilité pour la nutrition des plantes, certains tourteaux ainsi traités peuvent atteindre jusqu'à 8 p. 100 d'azote. »

Nos tourteaux contiennent en effet :

Arachides décortiquées	8 p. 100	d'azote.
Sésame sulfuré riche.	7	—
Sésame sulfuré ordinaire	6	—
Colza de Russie sulfuré	5 1/2	—

« L'emploi des tourteaux pour la vigne n'a pas donné lieu jusqu'ici à une pratique bien régulière. La plupart des viticulteurs en font usage sans y ajouter de potasse à des doses variant entre 1 000 et 2 000 kilogrammes par hectare et par an. La seule formule vraiment rationnelle qui ait été proposée, est celle que M. Faucon a recommandée pour les vignes soumises à la submersion, elle est constituée comme il suit :

Tourteau de colza.	90	
Sulfate de potasse à 38 p. 100.	10	p. 100 parties.

« Soit par hectare :

NATURE DES ENGRAIS	QUANTITÉS			
	Engrais.	Azote.	Acide phosphorique.	Potasse.
Tourteau de colza. .	1,000ᵏ	54ᵏ	19ᵏ	12ᵏ,5
Sulfate de potasse à 38 p. 100	100ᵏ	»	»	38ᵏ,00
Total. . . .	1,100ᵏ	54ᵏ	19ᵏ	50ᵏ,5

« Ces chiffres sont largement suffisants pour pourvoir aux exportations d'une vigne produisant 120 hectolitres, la quantité de potasse est même exagérée et l'on pourrait réduire la dose de sulfate de de moitié.

« Le prix de revient serait alors :

1,000 kil. tourteau de colza à 10 fr. 50.	105 fr.
50 kil. sulfate de potasse à 22 fr. .	11 fr.
Total.	116 fr.

« Ce prix est comme on le voit, inférieur à celui du fumier de ferme employé à raison de 10 000 kilogrammes par an, compté à 13 *francs seulement* les 1 000 kilogrammes et cependant les quantités d'azote et de potasse fournis au sol sont au moins équivalentes. »

Le tourteau de sésame sulfuré est plus riche en tous les éléments que celui de coton, il est pour cette raison à prix égal de l'unité de ces éléments plus économique encore, puisque avec un poids moindre et des frais de transports moins élevés l'on peut en obtenir les mêmes résultats. C'est la raison pour laquelle nous le recommandons de préférence à tout autre. Les effets des tourteaux sulfurés, sur les sols calcaires, en particulier, sont vraiment surprenants, et leur usage, en viticulture, a pris depuis quelques années, une extension considérable. L'on a reconnu, en effet, que les terres à vigne ont un besoin absolu d'engrais organiques, sans lesquels l'humus du sol s'épuise au grand détri-

ment de la friabilité, de la perméabilité et de la fertilité foncière du terrain. Or la plupart des engrais
organiques du commerce ont comme inconvénients,
les uns une cherté excessive, les autres une action
trop lente ou trop rapide, tandis que les tourteaux
sous un volume modéré produisent dans le courant
de l'année, sur la végétation, la majeure partie de
leur effet tout en améliorant sensiblement les propriétés physiques et chimiques des sols.

Ces avantages ont été si bien reconnus par les viticulteurs qu'une véritable poussée s'est produite en
faveur de l'emploi des tourteaux, à tel point que nous
avons dû personnellement agrandir nos usines et les
aménager de façon à pouvoir produire annuellement
près de *vingt millions* de kilogrammes de tourteaux
sulfurés.

Cette remarque se passe de commentaires et vaudra
mieux pour la gouverne des viticulteurs que tous les
éloges et les manifestations de parfaite satisfaction
que nous pourrions mettre sous les yeux de nos lecteurs.

ENGRAIS MINÉRAUX OU CHIMIQUES

La production des engrais organiques étant relativement très limitée, leurs transports étant parfois difficiles, a il fallu recourir aux engrais chimiques qui,
sous un faible volume, contiennent infiniment plus de
matières utiles que la plupart des engrais organiques.

L'essentiel est de savoir les manier et s'ils sont
tombés en défaveur en quelques endroits c'est, à part
les fraudes auxquelles se sont livrés quelques marchands de mauvaise foi, que l'on n'a pas appris suffisamment à s'en servir.

MM. Chauzit et Trouchaud-Verdier dans leurs
comptes rendus des expériences qu'ils ont établies à
ce sujet dans le Gard ont parfaitement démontré que
dans un terrain qui n'est pas très riche en azote, les
engrais azotés sont indispensables et que si l'on
retranche cet élément d'une formule d'engrais, la
récolte se solde en perte considérable sur les parcelles
auxquelles il a été fourni en même temps que l'acide
phosphorique et la potasse.

M. George Ville ne s'est-il pas attiré tout à coup
une sorte de disgrâce de la part de la viticulture tout
entière pour avoir avancé que la vigne pouvait se passer d'engrais azoté et préconisé d'une manière générale sa fameuse formule 6 K composée de :

Superphosphate de chaux . . . . . 400 kil.
Carbonate de potasse. . . . . 200 —
Plâtre ou sulfate de chaux . . . . . 400 —

La pratique a démontré de toutes parts que ses théo-ries étaient erronées et que dans tous les terrains n'ayant pas une richesse considérable en azote, cet élé-ment doit entrer dans toutes les formules d'engrais.

En tenant compte des éléments enlevés par une ré-colte de 120 hectolitres, M. Foëx n'envisageant que la restitution comme si toute la fumure pouvait être saisie par la vigne a établi les formules suivantes, qui con-tiennent toutes par hectare, 30 kilogrammes de potasse, 16 kilogrammes d'acide phosphorique, et de plus, la première 45 kilogrammes d'azote et les deux autres 50 kilogrammes d'azote :

1° Nitrate de soude à 15 p. 100 d'azote. . 300 kil.
 Sulfate de potasse à 30 p. 100 de potasse. 100 —
 Superphosphate à 16 p. 100 d'acide
  phosphorique . . . . 100 —
2° Sulfate d'ammoniaque à 20 p. 100 d'azote. 250 —
 Sulfate de potasse. . . . . 100 —
 Superphosphate . . . . 100 —
3° Sulfate d'ammoniaque . . . . 250 —
 Chlorure de potassium à 50 p. 100 de
  potasse . . . . 60 —
 Superphosphate . . . . 100 —
 Sulfate de fer . . . . 100 —

Dans leur ouvrage spécial sur les engrais de la vigne MM. Vermorel et Michaut donnent pour tous les cas qui peuvent se présenter des formules spéciales :

Pour les terrains argileux, granitiques, schisteux,

5

argilo-siliceux et pour des *vignes normales*, ils con-
seillent :

Nitrate de potasse (44 p. 100 de potasse, 13 p. 100 d'azote)	160 kil.
Sulfate d'ammoniaque (20 p. 100 d'azote).	50 —
Superphosphate (13 p. 100 d'acide phos- phorique)	300 —
Plâtre.	300 —
Total.	810 kil.

Pour des *vignes faibles* :

Nitrate de soude (15,5 p. 100 d'azote).	200 kil.
Nitrate de potasse	160 —
Superphosphate	400 —
Plâtre.	300 —
Total.	1,060 kil.

Pour les *vignes folles* s'emportant à bois :

Superphosphate	300 kil.
Sulfate de potasse	215 —
Plâtre.	300 —
Total.	815 kil.

Dans les *terrains calcaires* ils remplacent une partie de l'azote nitrique par l'azote ammoniacal ou l'azote
organique tirés du sulfate d'ammoniaque, des tourteaux de sésame, etc.

Pour les *vignes submergées* :

Nitrate de potasse (azote 13 p. 100, po- tasse 44 p. 100).	280 kil.
Sulfate d'ammoniaque (azote 20 p. 100).	100 —
Tourteaux (azote 5,5 p. 100).	300 —
Superphosphate (acide phosphorique 13 p. 100)	350 —
Plâtre	200 —
Total.	1,230 kil.

Pour les *vignes sulfurées* :

Nitrate de potasse.	200 kil.
Sulfate d'ammoniaque	120 —
Superphosphate de chaux	400 —
Plâtre.	100 —
Total.	820 kil.

Toutes ces formules sont tirées des études spéciales auxquelles se sont livrés leurs auteurs.

Plusieurs professeurs départementaux d'agriculture parmi lesquels nous citons au hasard MM. Zacharewicz, Chauzit, Carré, Barbut, etc., se sont livrés à des études comparatives tendant à déterminer pour chaque nature de sol les éléments les plus économiques dans l'établissement des meilleures formules d'engrais, les résultats ont été tantôt en faveur du nitrate de soude sur le sulfate d'ammoniaque, tantôt en faveur d'un engrais potassique, chlorure, sulfate, carbonate, sur les autres, il n'y a encore rien d'absolument précis sur ce sujet, mais ce qu'ils ont parfaitement démontré et ce qui a été confirmé par le Congrès de Montpellier, ce sont les conclusions suivantes qui ont été adoptées par la multitude des viticulteurs venus en foule assister aux débats de cette assemblée :

« *L'Azote est très utile à la vigne*, il pourra être employé, selon la nature des sols à l'état nitrique, ammoniacal ou organique.

« Le nitrate de soude est une excellente source d'azote pour tous les terrains, sauf pour ceux qui sont d'une extrême perméabilité.

« Pour les vignes submergées, on doit faire usage, avant la submersion d'engrais organiques, et de nitrate de soude après la submersion, surtout si l'on arrose en été.

« Pour les vignes établies en terrain sablonneux (sables d'Aigues-Mortes et autres), l'azote organique, donné sous forme de tourteau, par exemple, doit être préféré.

« L'acide phosphorique est très utile à la vigne et c'est sous forme de superphosphate qu'il a donné les meilleurs résultats. Mais, dans bien des cas, l'acide phosphorique, sous d'autres formes (tiré d'autres sources), a produit également de bons effets.

« La potasse est utile à la vigne, et les sels potassiques ont sensiblement la même valeur. Cependant dans quelques expériences ils ont pu être classés dans l'ordre suivant : carbonate, sulfure, chlorure, sulfate.

« Le plâtrage produit, dans certains cas, de bons effets, mais l'emploi du plâtre n'est avantageux que si le sol est riche en matières organiques ou s'il est fumé avec un engrais complet.

« Le sulfate de fer agit favorablement sur la vigne et particulièrement sur les vignes américaines établies en sol calcaire.

« *Il faut, d'une manière générale, répandre des engrais complets, les seuls qui ne puissent donner lieu à des échecs.*

« *Sans nous prononcer sur la possibilité de pouvoir*

remplacer complètement les fumures organiques par des engrais chimiques, nous croyons devoir déclarer que ces engrais, même appliqués exclusivement pendant une période de huit à dix années (comme le prouvent nos expériences) n'amènent ni l'appauvrissement du terrain, ni le dépérissement de la vigne. Néanmoins nous estimons qu'il est préférable d'établir une sorte d'assolement dans l'emploi des matières fertilisantes et de répandre alternativement des engrais organiques (fumiers, tourteaux, cornailles, etc.) et des engrais minéraux.

« Les conditions économiques actuelles semblent exiger non seulement la restitution au sol des éléments enlevés par la végétation, mais l'apport *d'un excès* d'éléments fertilisants.

« Le fumure intensive est économiquement praticable dans les terres peu fertiles comme dans les vignobles à grands rendements.

« Le fumure intensive ne saurait être ni possible, ni économique avec les seuls engrais organiques.

« Ce n'est que dans les terres extrêmement riches en azote, dans lesquelles la végétation est exubérante que l'on peut supprimer l'azote pendant quelques années, mais cette suppression doit être faite avec prudence.

« *Le fumure intensive n'altère pas la qualité du vin*, il n'y a que pour les vins fins et classés que ce principe peut être mis en doute ou contesté. »

PRÉPARATION ET ACHAT DES ENGRAIS

Il n'y a pas très longtemps que l'on enseignait aux agriculteurs qu'ils avaient intérêt à acheter les matières premières et à composer eux-mêmes leurs engrais ; ici encore le temps et la pratique sont venus démontrer qu'à part des cas particuliers, l'intérêt des cultivateurs est au contraire de se servir des mélanges faits à l'usine, et pour qu'ici encore nous ne puissions être soupçonnés d'émettre cet avis dans un but personnel, nous citerons cette page du livre des *Engrais* de MM. Michaut et Vermorel, deux savants dignes de confiance et désintéressés complètement des ventes de matières fertilisantes :

« La fabrication ou le mélange des engrais à la ferme est, somme toute, fort sommaire. On n'utilise ni malaxeurs, ni broyeurs qui assurent à l'engrais une composition homogène en même temps qu'une ténacité qui facilite son assimilation par les plantes. C'est pourquoi, sauf dans quelques cas spéciaux, il vaut mieux fabriquer l'engrais à l'usine et le faire analyser ensuite pour constater que les dosages sont exacts.

« Nous avons consulté à ce sujet un grand nombre de cultivateurs ; tous s'accordent à dire qu'au double point de vue du travail produit aussi bien que de la main-d'œuvre employée, il est préférable de laisser faire cette opération à l'usine.

« Quant aux frais ils sont les mêmes. Que l'analyse,

nécessaire avant comme après, porte sur la teneur en principes utiles de trois matières premières, ou sur la teneur d'un engrais fabriqué en trois éléments différents, le prix de revient n'augmente pas.

« Nous conseillons aux viticulteurs de laisser la fabrication des engrais aux gens de profession, d'autant plus qu'ils seront obligés d'acheter leurs matières premières beaucoup plus cher que ne le font les fabricants dont les acquisitions sont considérables. »

Quand on pense d'autre part qu'il suffit d'une inadvertance fréquente de la part des ouvriers de la campagne aux yeux desquels tous les engrais sont souvent la même et unique drogue, pour que les mélanges, au lieu d'être ce que désire le propriétaire, soient faits tant bien que mal avec des confusions de matières premières et en dépit du bon sens ; on comprendra, étant prouvé qu'un engrais mal composé peut ne donner que des pertes, que l'intérêt des viticulteurs éclairés est d'acheter les engrais tout prêts à être employés. Ce n'est qu'exceptionnellement et lorsqu'ils peuvent compter absolument sur l'intelligence et l'attention de leur personnel, qu'ils peuvent, dans certains cas spéciaux, avoir avantage à faire eux-mêmes les mélanges dont ils doivent en temps normal laisser la confection aux hommes de profession.

Nous sommes à la disposition de nos clients pour leur livrer dans les meilleures conditions toutes les matières premières dont ils pourront avoir besoin, mais nous nous permettons, après tout ce que nous avons écrit, de leur recommander nos formules spéciales pour la vigne, dans lesquelles nous avons tenu compte de tous les principes exposés plus haut :

ENGRAIS POUR LA VIGNE (*dosages p.* 100).

Engrais G[1] *complet :*

1 p. 100 azote organique provenant du tourteau de vidange.
2 — azote nitrique.

soit 3 p. 100 azote total.

3 p. 100 acide phosphorique en combinaison soluble dans le citrate d'ammoniaque.
6 — potasse en combinaison soluble dans l'eau provenant du chlorure de potassium.

Engrais végétatif complet :

6,5 p. 100 azote nitrique.
0,5 — azote organique, provenant du tourteau organique de vidange.

soit 7 p. 100 azote total.

5 à 5,5 p. 100 acide phosphorique en combinaison soluble dans le citrate d'ammoniaque.
8 à 8,5 p. 100 potasse en combinaison soluble dans l'eau, provenant du chlorure de potassium.
5 à 5,5 p. 100 sulfate de fer.

Engrais complémentaire :

10 à 10,5 p. 100 acide phosphorique en combinaison soluble dans le citrate d'ammoniaque.
20 à 20,5 p. 100 potasse en combinaison soluble dans l'eau, provenant du chlorure de potassium.

Emploi. — L'*engrais* G 1 convient dans les terres franches, à la dose de 500 grammes par pied de vigne. C'est l'engrais qui réunit le plus de chance de succès dans les terres qui n'ont pas de caractères bien définis, et lorsque la végétation de la vigne, sans être absolument en défaut, a cependant besoin d'être poussée. On l'emploie, de préférence, pour les fumures de décembre à février, mais grâce à la forme variée de son azote, on peut, suivant les convenances, l'employer plus tôt ou plus tard, sans en compromettre le succès.

L'*engrais végétatif* est destiné, comme son nom l'indique, à activer la végétation de la vigne là où elle fait défaut. Il faut recourir à cet engrais lorsque la vigne présente peu de bois et que les feuilles sont pâles ou jaunâtres. On l'emploie à la dose de 200 à 250 grammes au maximum, de janvier en avril.

L'*Engrais complémentaire* est destiné à compléter les fumures faites avec des engrais azotés, tourteaux, cornailles, bourre de laine, chiffons, chiquettes de lapins, marcs de colle, chrysalides, fumiers, etc., etc.; il s'emploie à la dose de 100 grammes par pied de vigne. Employé seul, il convient aux vignes dont la végétation est luxuriante, les pampres d'un vert foncé et dont la fructification laisse à désirer.

MODES D'APPLICATION DES ENGRAIS

Grâce à ses racines très longues traçantes et pivotantes, la vigne est bien armée pour profiter de toutes les matières fertilisantes incorporées au sol et il paraît théoriquement, comme pratiquement, qu'à la condition d'être employés depuis la chute des feuilles jusqu'au réveil de la végétation, l'on ne doit pas s'inquiéter outre mesure de l'époque de leur application. M. Pastre, rapporteur au congrès de Montpellier, et l'un des meilleurs praticiens de l'Hérault, assure que les engrais organiques et les engrais où l'azote nitrique fait défaut doivent être enfouis aussitôt que possible après la chute des feuilles, et que ceux où l'azote nitrique domine doivent être employés de préférence à la sortie de l'hiver jusqu'au 1er avril.

Il n'a pas été fait d'expériences assez nombreuses et et assez convaincantes pour permettre d'affirmer qu'une partie de l'azote au moins ne doit pas être employée sous forme de nitrate dans le courant de l'hiver ; s'il est entrainé dans les profondeurs du sol, les racines pivotantes sauront l'y retrouver en même temps que les autres matières fertilisantes qui peut-être seraient restées inertes sans cette intervention, tandis que les racines superficielles trouveront dans les couches supérieures les autres engrais moins solubles. L'année 1893, si cruellement remarquable par sa sécheresse, a été à ce sujet pleine d'enseigne-

ments. Seules les vignes où les engrais ont été appliqués hâtivement ont parfaitement pu les utiliser et
ont tranché jusqu'à la vendange sur les autres par
leur vigueur et leur belle végétation. Celles qui
n'avaient reçu les nitrates qu'en mars n'ont pu en
profiter en dehors des terres irriguées, et la dépense
faite par les propriétaires à cette époque n'a pas été
aussi fructueuse que celle des viticulteurs qui n'ont
pas craint d'employer de bonne heure les engrais de
toutes compositions.

En année normale, l'on ne doit pas s'inquiéter d'un
retard forcé dans la fumure ; de mars à la fin de sep-
tembre la vigne a le temps de profiter des engrais de
toutes sortes, mais dans l'intérêt des propriétaires, et
dans l'incertitude des saisons à venir, nous croyons
que le meilleur conseil à leur donner est de fumer
leurs vignes le plus tôt possible.

Nos formules ci-dessus sont d'ailleurs établies pour
concilier tous les *desiderata* et l'azote s'y trouvant en
partie sous forme organique ou ammoniacale, partie
sous forme nitrique, rien ne s'oppose à ce qu'ils soient
employés au moment où les exigences sans nombre
de la propriété en rendront l'emploi le plus facile.

Le fumier et les engrais de grand volume sont
généralement étendus sur toute la surface du sol ou
dans le déchaussage des vignes et recouverts à la
charrue, les engrais pulvérulents sont souvent épandus
dans des cuvettes faites autour des souches ou dans le

déchaussage, quelquefois, après plusieurs années d'application réitérée ainsi, dans les interlignes. A moins d'avoir affaire à un semeur très expérimenté et très habile pour l'épandage à la volée, nous conseillons, une fois la quantité à donner à chaque souche bien déterminée, de donner aux ouvriers, porteurs de l'engrais dans un récipient quelconque, une mesurette contenant exactement cette dose et de leur en faire projeter le contenu, d'un tour de bras, tout autour de la souche en l'épandant le mieux possible ; les labours et les pluies se chargeront de faire le reste.

Si l'engrais chimique est employé concurremment avec l'engrais organique, fumier, crottins de moutons, etc., peu importe qu'il soit placé au-dessous ou au-dessus. Si cependant l'on ne doit pas recouvrir cette fumure tout de suite, il est préférable de placer l'engrais pulvérulent au-dessous de l'autre. Règle générale, les engrais, de quelque nature qu'ils soient, doivent être enterrés à la charrue ou avec tout autre instrument aussitôt que possible après leur application.

II. — TRAVAUX GÉNÉRAUX DE CULTURE
ET D'ENTRETIEN DES VIGNOBLES

Nous passerons en revue très brièvement les travaux de culture : chaussage, déchaussage, labours, binages, etc., et les travaux d'entretien en dehors de ceux que nous avons vus jusqu'ici ; remplacement des manquants, marcottage, provignage, pincement, ébourgeonnage, etc., toutes ces pratiques étant parfaitement connues de la plupart des vignerons.

Travaux culturaux. — Avec les vignobles nouvellement reconstitués et greffés surtout, il est bon de ramener la terre au pied des souches avant l'hiver afin de préserver les jeunes greffes contre les grands froids. Aussitôt ceux-ci passés, il faudra déchausser les vignes, non seulement pour pouvoir les fumer comme nous l'avons indiqué, mais pour aérer le sol, puis dans le but de détruire bon nombre d'insectes mis ainsi à découvert, et d'enlever tous les drageons et les racines parties des greffons, qui ont échappé à l'attention des ouvriers précédemment ou qui ont poussé depuis leur dernière opération de nettoyage.

Le déchaussage, qui sert en même temps de premier

labour, doit être fait de 15 à 20 centimètres de profondeur. Et bien qu'il entraîne la perte des racines tout à fait superficielles, cela ne peut nuire à la souche ainsi que le reconnaissent les meilleurs praticiens.

Les labours de déchaussage sont faits soit entièrement à la main dans quelques pays, soit avec des charrues vigneronnes spéciales des types : Vernette, Guyot, Pelous, Souchu, Pinet, Grelier-Breton, etc., et complétés avec des instruments à main. — Ils doivent être terminés, autant que possible, deux semaines environ avant le départ de la végétation, principalement dans les endroits exposés aux gelées printanières.

Les *labours* qui seront effectués dans le courant de l'année doivent être tout à fait superficiels et accompagnés de nombreux *binages* et *sarclages* ayant pour but de purger le sol des herbes et d'en entretenir la surface friable. On se sert pour ces opérations des houes à couteaux verticaux ou obliques plus ou moins tranchants et à pointes (appelées : grappins, gratteuses, etc.), lorsqu'il s'agit d'ameublir la surface du sol, et à tranchants horizontaux pour les travaux de nettoyage (fig. 11). Les meilleurs instruments sont ceux qui, sans nuire à leur solidité, permettent le plus facilement et le plus rapidement l'écartement et la transformation des pièces travaillantes suivant les nécessités du moment. Citons au hasard les houes et grappins des constructeurs indiqués ci-dessus, et la houc Pilter qui est une merveille du genre et à laquelle on n'a pu reprocher que son origine étrangère et le prix un peu élevé de l'instrument lui-même et surtout des pièces de rechange.

Les labours et autres soins culturaux doivent être

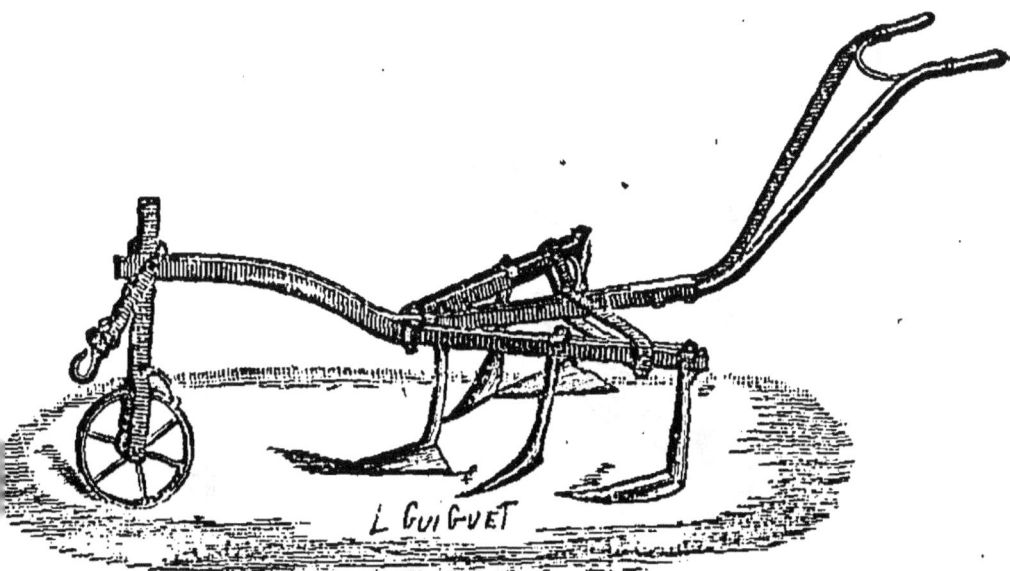

Fig. 11.

interrompus à l'époque de la véraison. Ils doivent avoir été assez nombreux jusque-là pour que la terre soit parfaitement propre et meuble à la surface.

Lorsque la disposition des vignes le permet, on peut avantageusement donner encore un binage après la véraison, mais il faut, dans les pays chauds tout au moins, choisir pour cette opération un temps couvert et éviter de la faire par une journée de soleil brûlant.

Arrosages d'été. — D'après M. Foëx, les irrigations

d'été ne conviennent qu'aux vignes à grande production de vins communs, elles sont bonnes pour les terres légères qui se dessèchent profondément, mais, en année ordinaire elles sont plutôt nuisibles qu'utiles aux terrains froids et compacts.

Il faut les suspendre lorsque les maladies cryptogamiques se développent activement.

Remplacement des manquants. Marcottage. Provignage. C'est à peu près exclusivement avec des

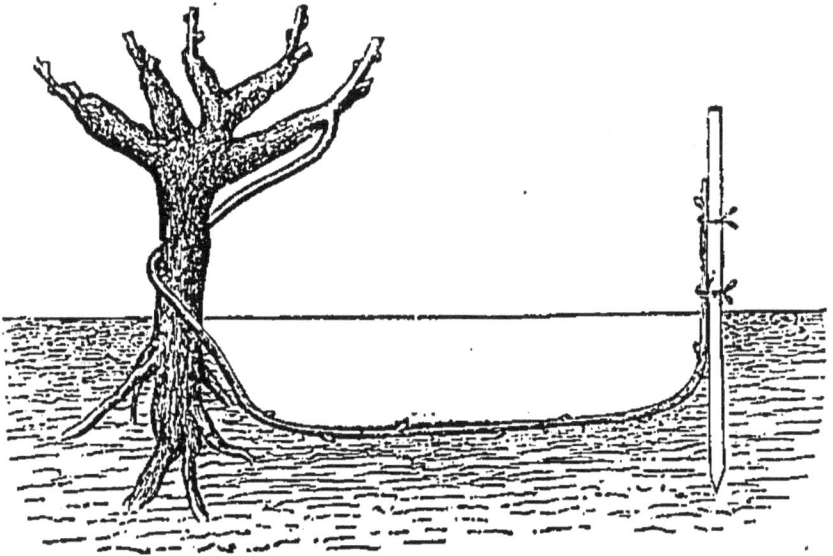

Fig. 12. — Marcottage.

plants rapportés que l'on comblait jusqu'ici les vides provenant des manquants à la plantation et au greffage dans les vignes à racines américaines. On craignait que les racines françaises des ceps provenant du marcottage (fig. 12) ou du provignage (fig. 13), après avoir suffi à la nourriture des nouveaux ceps pendant un certain temps suffisant pour qu'ils s'affranchissent d'eux-mêmes au besoin du pied mère américain, ne soient ensuite dévorées par le phylloxera, d'où la perte de ces nouveaux ceps. — M. Foëx ne croit pas à cet affranchissement; il pense qu'en ne sevrant pas

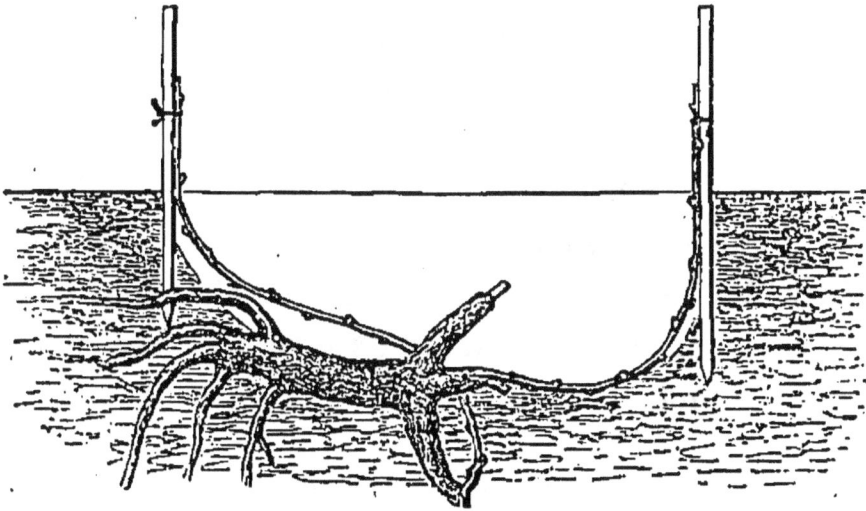

Fig. 13. — Provignage.

ces derniers de la tutelle des pieds mères, ils en profiteront indéfiniment, d'où ses conclusions aux congrès de Montpellier :

« Le provignage des vignes greffées, quoique peu usité jusqu'ici, semble cependant possible, soit pour remplacer les manquants, soit comme pratique cultu rale habituelle.

« Cette pratique peut être effectuée en couchant la souche tout entière ou même un sarment que l'on ne sèvre pas du pied mère.

« Elle ne doit être effectuée qu'au bout de trois ans de greffe et sur des greffes dont les racines auront été enlevées soigneusement jusqu'au moment du couchage. »

Ebourgeonnage ou épamprage. — C'est l'opération qui consiste à enlever, en mai ou juin, toutes les pousses qui se sont développées sur le vieux bois (*gourmands*) et toutes celles qui sont inutiles pour la récolte pendante ou pour la taille suivante.

En ce qui concerne le Midi, M. Rougier est d'avis que l'on ne doit pas ébourgeonner en dehors des jeunes vignes et dans les endroits humides où elles sont très touffues, mais que plus on remonte vers le Nord, plus l'ébourgeonnage est utile.

Pincement. — Cette opération, qui consiste à couper l'extrémité des jeunes pousses à 2 feuilles au-

Fig. 14. — Rameaux pincés en *a*, *a*, *a*.

dessus de la dernière grappe (fig. 14), soit quelques jours avant, soit quelques jours après la floraison est nuisible dans la région méridionale, d'après le même auteur, qui ne la pense utile que pour les parties situées à l'extrème limite nord de la vigne et pour les treilles destinées aux raisins de table.

Rognage. — Par cette pratique l'on supprime, dans le courant de l'été, la partie supérieure des rameaux qui sont trop développés dans le but de favoriser le grossissement des raisins. Etant admis que les principes contenus dans ceux-ci sont élaborés par les feuilles, il faut avoir soin de ne recourir au rognage qu'à la condition que celles-ci soient néanmoins très abondantes. Il n'est recommandable que dans le cas où les rameaux tendent à prendre une longueur démesurée et à s'accaparer, pour le développement des extrémités, une trop grande proportion des réserves nutritives du sol. — Il n'est bon en conséquence que pour les vignes extrêmement vigoureuses. On le pratique le plus souvent, dans le courant de juillet, à la faucille dans les grands vignobles, en laissant toujours une longueur d'un mètre au moins aux sarments.

Effeuillage. — Ce que nous venons de dire suffit pour montrer que l'effeuillage n'est jamais recommandable dans les vignobles bien établis où la lumière et l'air peuvent pénétrer convenablement. Dans tous les cas, si les feuilles étaient par trop accumulées autour des raisins et nuisaient à leur maturité, il faudrait avoir soin, dans le Midi en particulier, de n'en supprimer

une partie que par un temps couvert, après la véraison, sous peine de s'exposer à un grillage des grappes
plus préjudiciable qu'une maturité un peu plus tardive
ou incomplète.

III. — ACCIDENTS ET MALADIES
CRYPTOGAMIQUES

ACCIDENTS PROVENANT DES INTEMPÉRIES

Gelées d'hiver. — Les gelées d'hiver, produites par des froids excessifs, sont surtout redoutables pour les souches à racines américaines, en ce sens que le recépage qui suffirait généralement aux vignes anciennes françaises, pour en obtenir de nouveaux ceps n'est plus suffisant pour les nouvelles vignes greffées lorsque la gelée a pénétré au delà de la soudure, jusqu'au pied mère. Dans ce cas, si ce dernier n'est pas mort, il peut être regreffé avec un cépage choisi parmi ceux qui sont le moins sensibles à la gelée. Si le froid n'a détruit que la partie extérieure des souches, on peut se contenter de les recéper, à moins que l'on ne préfère, peut-être avec raison, les regreffer avec les variétés qui sont le plus réputées pour leur résistance à cet accident.

Lorsque les yeux supérieurs seuls des sarments ont gelé et que ceux de la base ont été épargnés, la taille est tout indiquée, elle se pratique comme dans les anciens vignobles.

C'est surtout dans les endroits bas et humides que

Fig. 15. — broussins.

les gelées, comme toutes les maladies, sont surtout à redouter. Le seul moyen préventif contre les grands froids consiste à butter fortement les ceps avant l'hiver.

A la suite des gelées d'hiver il se produit fréquemment sur les ceps dont les yeux seuls ont été détruits, des épanchements de sève qui produisent des excroissances particulières de tissus ligneux, auxquelles on a donné le nom de *broussins* (fig. 15).

Le meilleur remède consiste à supprimer la partie du cep ainsi affectée, au-dessous de ces derniers, et de récéper entièrement la souche, afin de la regreffer avec un cépage plus rustique, dans le cas où le tronc lui-même se couvre des tubérosités caractéristiques.

Gelées printanières. — Ce sont celles qui surviennent après le débourrement, désorganisent les jeunes bourgeons et les détruisent partiellement ou totalement. — Elles sont de deux sortes : les gelées *à glace* ou *noires*, et les gelées *blanches*. Les premières ont lieu à la suite de froids de — 3° et plus, elles détruisent tous les organes verts et l'on ne peut compter que sur le départ des contre-bourgeons ou yeux latents bien moins fructifères que les premiers, pour la végétation de l'année.

On ne connaît d'autre moyen de les conjurer que de tailler tard et de laisser un ou plusieurs longs bois dont les premiers yeux ont chance de ne partir qu'après le passage des gelées *noires*.

Il va sans dire que dans le cas où celles-ci n'auront pas eu lieu, il conviendra de raccourcir ou d'ébourgeonner les parties supérieures des longs bois, ce qui est toujours un peu préjudiciable à la récolte.

Les mêmes moyens sont employés pour éviter dans la mesure du possible les effets des gelées *blanches* qui ont lieu par un temps calme et à la suite d'un froid de 0°, — 1°, — 2°, généralement.

Celles-ci se déclarent surtout encore dans les parties basses et humides, sur des ceps dont les coursons sont trop près de terre, dans les terres trop fraîchement travaillées ou enherbées. Nous avons eu l'occasion de parler des mesures à prendre pour éviter les chances de gelées dans ces cas. On conseille aussi de saupoudrer les ceps avec de la chaux ou du plâtre dès le débourrement et de renouveler cette opération deux ou trois fois en avril et au commencement de mai dans les exploitations où cette pratique est possible. Dans les grands vignobles, là où l'irrigation ou la submersion peuvent se faire, elles préservent assez bien les ceps contre les gelées printanières, ailleurs on ne peut compter que dans une certaine mesure sur les nuages artificiels produits par des matières susceptibles de faire beaucoup de fumée ; substances résineuses ou goudronneuses, pailles et herbes mouillées, broussailles, etc., que l'on allume dès que le thermomètre descend à + 1° au lever du soleil.

Il n'y a que pour les grands vignobles ou pour les associations de viticulteurs que les nuages artificiels peuvent être appelés à remplir le but que l'on se propose d'atteindre en y ayant recours.

Si la gelée n'a fait que mortifier les extrémités des jeunes pousses ou si elle les a détruites complètement, le mieux est de laisser la nature faire son œuvre; d'autres bourgeons moins fructifères prendront la place des premiers. Si la base des pousses est restée bien verte alors qu'elles ont été détruites sur une certaine longueur, il est peut-être préférable de les tailler à 2 ou 3 millimètres de leur insertion sur le bois de

l'année précédente, surtout si les jeunes grappes ont
été détruites, on assure au moins ainsi l'établissement
plus régulier de la taille suivante.

Grêle. — Les effets et conséquences de la grêle
sont malheureusement trop bien connus pour que
nous ayons à les décrire. Si elle tombe avant le
15 juin, et si le désastre s'étend à la presque totalité
de la récolte, on recommande de tailler en vert, comme
si l'on avait affaire à des sarments lignifiés. Si les
grêlons ont laissé des traces jusqu'à la base même des
pampres, il faut retailler au niveau du bois de l'année
précédente, comme il a été dit pour la gelée. On assure
ainsi de bons bois sains pour la taille suivante. Après
la fin de juin il est préférable de ne pas tailler ou de
se contenter de régulariser la souche par une taille très
modérée. Telles sont du moins les conclusions qui
paraissent ressortir des débats du dernier congrès
viticole de Montpellier.

Coulure et millerandage. — La coulure et le
millerandage sont produits par l'avortement total ou
partiel des fleurs, de sorte que les grappes, après avoir
donné les plus belles espérances par leur nombre avant
la floraison, paraissent s'être *fondues, anéanties* partiellement ou totalement après celle-ci : coulure, ou
ne donnent que des grains disséminés, les uns bien
développés, les autres petits, une partie ayant aussi
avorté complètement : millerandage (fig. 16).

Ces affections peuvent être inhérentes au cépage lui-même dont les fleurs sont mal conformées; c'est par la sélection des boutures sur des ceps fructifères que l'on évitera de les voir se produire.

Fig. 16. — Millerandage.

Elles peuvent encore se produire à la suite d'influences atmosphériques accidentelles : pluies, vents violents, retour de froids, etc. ; il n'y a guère, dans ce cas, de remèdes bien efficaces. Elles peuvent être dues à une trop grande exubérance de la végétation et c'est par la taille qu'elle sera tempérée en la répartissant sur un plus grand nombre de bourgeons, ou, au contraire, à une trop grande faiblesse de la souche, lorsque le sol est trop pauvre pour suffire à son alimentation ; dans ce cas, une fumure complète s'impose, si l'on veut en éviter le retour l'année suivante.

Enfin elle se déclare assez souvent dans les vignobles où les maladies cryptogamiques ont été mal combattues.

On a proposé, pour éviter la coulure et le millerandage, bien des procédés dont le moindre défaut est,
pour la plupart, de n'être pas assez pratiques en
grande culture : incision annulaire, pincement, écimage
des grappes, etc. M. P. Viala, dont les travaux sur les
maladies de la vigne sont les plus remarquables qui
aient paru, estime que les *soufrages* bien faits sont un
des meilleurs moyens à employer pour éviter la
coulure.

Echaudage et grillage des raisins. — L'échaudage a fait depuis quelques années plus de ravages
que jamais dans les vignobles. Il est produit en juillet
et août principalement sur les raisins exposés de trop
près à la réverbération des rayons solaires sur le sol
ou à l'action directe du soleil sur les grappes des souches trop basses du côté du midi et du couchant. Il
faut, dans ce cas, se garder de découvrir les raisins
après la véraison et si, contrairement aux conseils
donnés plus haut, il reste quelques travaux de culture
ou de nettoyage à faire après cette époque, il faudra
ne choisir pour les exécuter qu'un temps couvert ou
brumeux autant que possible.

Mais trop souvent l'on attribue uniquement au
soleil les méfaits qu'il n'a fait que favoriser, et les
maladies cryptogamiques, le mildiou de la grappe en
particulier, sont les causes principales du grillage des
raisins. Nous verrons plus loin comment l'on peut

éviter de perdre ainsi une partie de la récolte par des traitements appropriés.

Les raisins grillés par l'action d'une température trop élevée ou par les maladies cryptogamiques ne donnent que des vendanges médiocres en quantité et en qualité.

Pourriture des raisins. — La pourriture atteint surtout les raisins à peau fine des souches basses dans les automnes pluvieux. Elle ne peut être évitée que par les moyens préventifs donnés en traitant de la taille. Il est fort rare de rencontrer la pourriture dans des vignes où l'air peut circuler facilement à travers des souches à tête suffisamment élevée, ou dont les pampres sont relevés et attachés soit à des tuteurs, soit à des fils de fer. A remarquer enfin que la pourriture est d'autant plus rare que les vignes et les raisins principalement ont été mieux traités contre les maladies parasitaires.

MALADIES CRYPTOGAMIQUES

Nous ne nous attarderons pas à donner de longues descriptions de maladies qui, pour la plupart, sont malheureusement trop connues de tous les vignerons ; nous nous attacherons surtout à indiquer les moyens recommandés pour les combattre.

En règle générale, elles se développent le plus activement dans les terres basses, mal assainies, exposées aux brouillards ; elles ont plus de prise sur les vignes chétives situées en terrains insuffisamment fertiles, mais personne n'ignore qu'elles se déclarent dans toutes les situations avec intensité, partout où l'on néglige les traitements nécessaires pour les combattre et dont plusieurs doivent être appliqués préventivement, ainsi que nous allons le voir.

Ces traitements sont coûteux et il faut s'assurer, avant tout, de la valeur et de la qualité des produits employés pour les composer, il faut en outre s'en servir, non avec parcimonie, ce qui serait fort imprudent, mais avec économie, c'est-à-dire à temps et avec le moins de frais possible pour le même effet.

Les principales substances qui entrent le plus communément dans la composition des traitements sont : le sulfate de fer, le sulfate de cuivre, la chaux, le carbonate de soude, le soufre, etc.

Le *sulfate de fer* ou vitriol vert qui se présente sous forme de cristaux verts, translucides, est rarement falsifié en raison de son bon marché.

Le *sulfate de cuivre* ou vitriol bleu, rendu sous forme de cristaux bleus, translucides, peut être livré à peu près pur par le commerce. Il doit toujours être préféré sous cet état aux sulfates doubles de cuivre et de fer ou de zinc.

Par un examen rapide, on peut s'assurer de la pureté du sulfate de cuivre. Pour cela on fait fondre un peu de ce sel dans de l'eau bien pure et l'on verse dans cette solution quelques gouttes d'ammoniaque ou une petite quantité de lait de chaux. Si le sulfate de cuivre est pur, la solution, agitée avec un petit bâton, devient d'un beau bleu ; si elle contient du sulfate de fer, elle passe au bleu rouillé, et au blanc sale s'il y a mélange de sulfate de zinc.

La *chaux* doit être grasse, récemment cuite et provenir de pierre calcaire de bonne qualité. Elle doit se réduire complètement en poudre sous l'action de l'air et de l'humidité. La chaux hydraulique n'est pas à conseiller.

Le *carbonate de soude* est souvent impur. Celui qui est vendu par le commerce sous le nom de *cristaux* ne

peut guère être employé qu'après un dosage préalable.
Le carbonate raffiné de Solvay est bien plus recommandable.

Nous attachons une telle importance à la qualité du
soufre employé que nous avons écrit une notice spéciale sur le soufre en général et sur le soufre précipité obtenu dans nos usines : nous en reproduisons ici
les principaux passages :

L'action curative du **Soufre** sur les maladies cryptogamiques des végétaux et en particulier sur l'**Oïdium** de la
vigne est connue de tous.

Les avis sont encore partagés sur la question de savoir
d'où procède cette action curative, mais tout le monde est
d'accord pour reconnaître qu'elle est d'autant plus efficace
que la poudre de soufre est plus fine, plus divisible, plus
impalpable. Cette opinion est non seulement sanctionnée
par la pratique, qui accorde au soufre sublimé ou fleur de
soufre une valeur agricole et commerciale plus grande
qu'au soufre trituré, mais elle est en outre absolument
rationnelle : il est certain que plus une poudre de soufre
est fine, plus elle adhère aux feuilles sur lesquelles elle
est projetée, moins elle court le risque d'être emportée
par le vent ou de tomber sur le sol, plus elle offre de surface aux agents atmosphériques qui la volatilisent ou se
combinent avec elle pour agir sur le cryptogame.

Or, le soufre peut revêtir la forme d'une poudre infiniment plus fine que la poudre de soufre sublimé : on peut
l'obtenir au laboratoire à l'état de soufre précipité, poudre
tout à fait impalpable, depuis longtemps connue et employée en pharmacie, mais qui n'existe pas dans le commerce, parce que sa fabrication serait trop coûteuse pour
lui permettre un emploi industriel.

L'épuration du gaz d'éclairage fournit cependant une source abondante de soufre précipité. En sortant des cornues, le gaz emporte avec lui le soufre de la houille à l'état d'acide sulfhydrique et l'abandonne ensuite à l'état de soufre précipité dans la matière dont on se sert pour l'épurer. Cette matière épurante du gaz, lorsqu'elle est hors de service, renferme jusqu'à 40 p. 100 de soufre précipité. Malheureusement elle renferme aussi des cyanures et des sulfocyanures, poisons redoutables tant pour les animaux que pour les végétaux dont ils brûlent les feuilles et les fruits, et il y aurait danger à lui donner un emploi agricole avant de l'avoir décyanurée, c'est-à-dire avant de l'avoir dépouillée par des procédés chimiques des cyanures et sulfocyanures.

Après qu'elle a été décyanurée, puis séchée, débarrassée des corps inertes et mise en poudre, la matière épurante du gaz, dans l'état où nous la livrons à la consommation, donne à l'analyse les résultat suivants :

Soufre précipité	25 à 30 p. 100
Soufre combiné	6 à 7 —
Oxyde de fer	10 à 12 —
Chaux.	6 à 7 —
Cyanogène (uni à la chaux et au fer).	1 à 2 —
Acide carbonique, matières organiques et goudronneuses. . .	15 à 30 —

Si nous ne considérons cette analyse qu'au point de vue de la quantité de soufre libre, nous remarquons que celui-ci n'entre dans notre poudre que dans la proportion de 25 à 30 p. 100, et cependant 75 kilogrammes de cette poudre suffisent à produire sur une vigne atteinte d'oïdium un résultat beaucoup plus satisfaisant que 100 kilogrammes de soufre sublimé, ce qui revient à dire que l'action de 18 à 19 kilogrammes de soufre précipité pur correspondrait à celle de 100 kilogrammes de soufre sublimé.

Ce fait n'aurait rien qui doive nous surprendre. De la

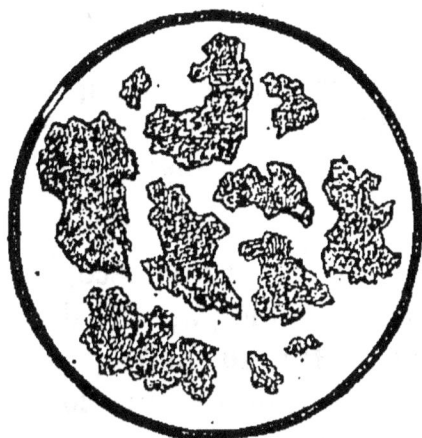

Fig. 17. — Soufre trituré.

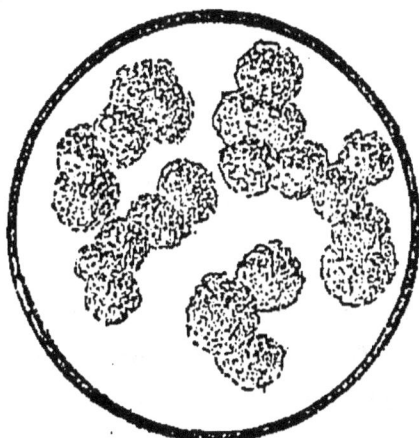

Fig. 18. — Soufre sublimé.

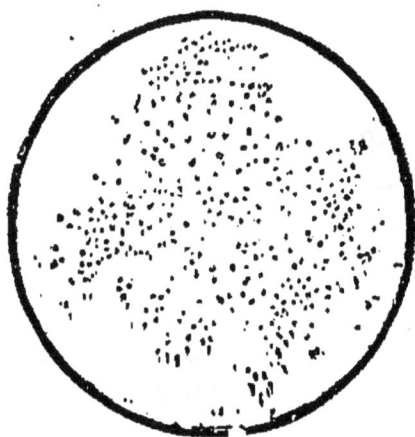

Fig. 19. — Soufre précipité
pharmaceutique.

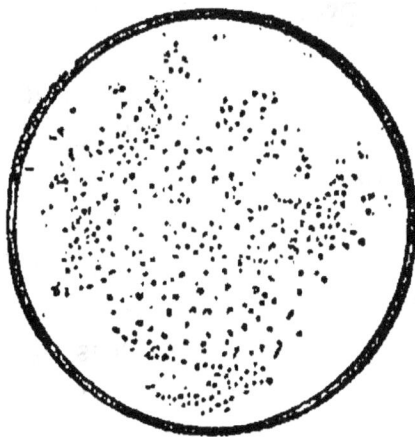

Fig. 20. — Soufre précipité
Schlœsing.

quantité habituelle de soufre sublimé ou trituré projeté sur un hectare de vignes, plus des neuf dixièmes certainement sont ravis à leur destination par l'air ou par le sol et en conséquence un dixième suffirait à produire le

7

même résultat que la quantité totale, si toutes les molécules du soufre pouvaient agir sur le cryptogame.

Or, lorsqu'on compare au microscope le soufre précipité de la matière épurante du gaz décyanurée au soufre sublimé, on trouve que le grain du premier est 8.000 fois plus fin celui du second. Il est donc compréhensible que son action soit cinq fois plus considérable, ou pour parler plus exactement, qu'il soit cinq fois mieux utilisé à produire cette action.

Les gravures ci-jointes donnent l'aspect au microscope du soufre trituré (fig. 17), du soufre sublimé (fig. 18), du soufre précipité pharmaceutique (fig. 19), du soufre précipité de la matière épurante du gaz décyanurée (fig. 20). L'étude comparative de ces quatre vues microscopiques est excessivement intéressante. Tandis que le soufre trituré présente des morceaux informes de diverses grosseurs, le soufre sublimé apparaît en globes réguliers dont le diamètre varie entre 10 et 30 millièmes de millimètre ; puis vient le soufre précipité de pharmacie, et enfin le soufre précipité de la matière épurante du gaz décyanurée dont les cristaux réguliers et translucides mesurent au maximum 1/2 millième de millimètre de diamètre. Le diamètre du grain de soufre précipité est donc au moins 20 fois plus petit que celui du grain de soufre sublimé, ce qui revient à dire que son cube est 8.000 fois moindre.

Mais ce n'est pas tout. Dans le soufre précipité Schlœsing, il n'y a pas que le soufre qui agisse et trouve son utilité : les autres matières dont il est composé concourent aussi à son action bienfaisante, et la preuve c'est qu'il combat des maux contre lesquels le soufre du commerce et même le soufre précipité pharmaceutique sont absolument impuissants, ainsi que nous le verrons plus loin.

A quoi le soufre précipité Schlœsing doit-il ces propriétés plus ou moins indépendantes de celles du soufre ? Est-ce à l'oxyde de fer qui s'y trouve, lui aussi, sous la forme d'un précipité impalpable ? est-ce au cyanogène ? est-ce aux matières goudronneuses et empyreumatiques dérivées de la houille ? Ici nous sommes obligés d'avouer notre ignorance, mais un fait est un fait et, qu'on se l'explique ou non, il faut s'incliner devant lui.

Le hasard est un grand maître. C'est lui qui nous a révélé successivement toutes les propriétés bienfaisantes du soufre précipité Schlœsing. En 1884, quand pour la première fois nous l'avons offert à notre clientèle nous n'avions en vue que de combattre l'oïdium de la vigne et d'utiliser à cet effet le soufre contenu dans un résidu industriel à un état physique particulièrement favorable à cet emploi ; mais voici qu'au lieu d'avoir à lutter contre la routine et de rencontrer chez nos clients une certaine répugnance à se servir pour soufrer leurs vignes d'une poudre qui n'avait pas la couleur jaune des soufres ordinaires, nous fûmes, dès la deuxième année, littéralement assaillis de demandes et reçûmes de nos clients des lettres où les éloges de notre poudre ne tarissaient pas. Comme les résultats de leurs essais dépassaient de beaucoup notre attente et qu'ils attribuaient au soufre précipité Schlœsing des propriétés que nous ne lui soupçonnions pas, plusieurs de leurs assertions nous laissèrent incrédules et, dans la brochure que nous publiions en 1885, nous disions à propos des attestations qu'elle contenait et auxquelles nous avions conservé leur caractère de spontanéité :

« Ici, notre devoir est de mettre le lecteur en garde contre les exagérations. Quand un produit rencontre la faveur du soufre précipité, on est porté à lui attribuer les vertus d'une panacée universelle. Pour plusieurs de ceux qui nous ont adressé ces attestations, notre soufre précipité guérit non seulement l'oïdium, mais aussi le mildew, l'anthracnose, la chlorose ; il détruit la pyrale, l'attelabe ou plieur, les limaçons, etc.

« De ces dernières assertions, une partie peut être l'expression de la réalité ; mais, comme nous n'avons eu ni le temps ni l'occasion de les contrôler, nous devons réserver notre opinion en ce qui les concerne. C'est comme soufre que nous vendons le soufre précipité, et ce que nous pouvons sûrement garantir, c'est que partout où le soufre ordinaire aura une action quelconque, notre soufre précipité aura la même action avec plus d'énergie. »

C'est ce seau d'eau froide, jeté à la tête de nos meilleurs collaborateurs, qui fit dire un jour à un spirituel membre de l'Académie de sciences « que le soufre précipité Schlœsing n'avait pas de pire ennemi que son propre inventeur ».

Mais, depuis lors, nous avons dû nous rendre à l'évidence, et nos occupations multiples ne nous ayant pas permis d'entreprendre des essais nous-mêmes, nous avons dû attendre, pour enregistrer les propriétés du soufre précipité Schlœsing, qu'elles nous fussent révélées par nos clients. Toutes les assertions contenues dans les premières attestations dont nous venons de parler se sont pleinement confirmées et, à leur suite, s'est jointe une longue liste de propriétés nouvelles que nous avons fait passer sous les yeux de nos lecteurs dans une publication spéciale.

Aujourd'hui, le soufre précipité est universellement connu et apprécié. Les sommités viticoles reconnaissent l'économie très sérieuse réalisée par son emploi sur les autres soufres et le recommandent particulièrement dans de nombreuses publications. Son succès s'est constamment affirmé et sa vogue a suscité l'apparition de vingt-

trois contrefaçons qui, malheureusement pour l'agriculture, ne possèdent à aucun degré les propriétés
remarquables de leur devancier.

Oïdium. — Le soufre a été jusqu'ici le seul remède
connu contre l'oïdium et il est parfaitement suffisant
pour le combattre. On doit l'employer par
un temps sec et calme, sans attendre les
grandes chaleurs de la journée. On se sert
quelquefois d'instruments qui, comme le
sablier (fig. 21), dépensent inutilement ou
mal à propos des quantités trop considérables de soufre. Les soufflets sont bien
préférables. Il importe seulement que le
débit du soufre soit réglable à volonté,
que l'engorgement soit facilement évité, que le
réservoir de soufre indépendant du soufflet lui-même,

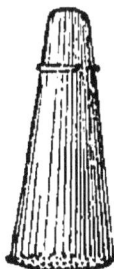

Fig. 21.
Sablier.

Fig. 22. — Soufflet à soufrer.

soit placé aussi près que possible des mains de l'ouvrier
pour diminuer sa fatigue.

Le soufflet du système Fabre (fig. 22), que nous
recommandons tout spécialement pour l'emploi du
soufre précipité, réunit toutes ces conditions.

Dans les grands vignobles, les soufflets eux-mêmes deviennent aujourd'hui quelquefois insuffisants ; ils sont remplacés par les appareils à dos d'homme dont le type, reconnu jusqu'ici le meilleur dans les con-

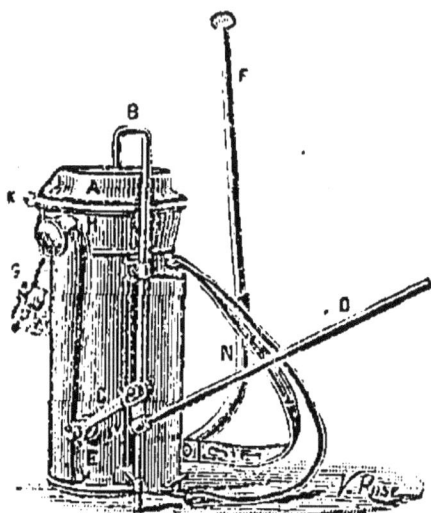

Fig. 23. — Torpille de Vermorel.

cours, est la *Torpille* de Vermorel (fig. 23). Ce constructeur a même livré tout dernièrement à la circulation un excellent appareil à traction animale au moyen duquel il est facile de traiter plusieurs hectares en un seul jour.

Le premier soufrage doit se pratiquer lorsque les rameaux ont environ 15 centimètres de longueur. La deuxième, à la floraison ; la troisième, à la véraison. Voilà la règle générale, mais en cas d'invasion extraordinaire due à des causes accidentelles ou avec les cépages très sujets à l'oïdium, il ne faut pas hésiter à multiplier les opérations.

Dans les conditions ordinaires, les doses de soufre sont les suivantes :

ÉPOQUES	SOUFRE trituré.	SOUFRE sublimé.	SOUFRE précipité Schlœsing.
	kil.	kil.	kil.
1re (pousses très dévelop- pées)	15 à 15	15 à 15	10 à 12
2e à la floraison (végétation déjà avancée)	40 à 60	25 à 35	24 à 26
3e à la véraison (végétation complète)	60 à 70	35 à 45	30 à 35
Totaux. . . .	115 à 145	75 à 95	64 à 73

Aux cours généraux du marché le prix de revient des traitements au soufre trituré et au soufre sublimé est sensiblement le même, tandis que l'on réalise une économie de 50 p. 100 environ par l'emploi du soufre précipité. Si l'on joint à cet avantage ceux dont nous avons parlé et sur lesquels nous aurons à revenir, si l'on ajoute enfin que les soufrages mêmes tardifs faits avec ce dernier ne laissent aucun goût au vin, on reconnaîtra que c'est avec raison que nous le recommandons de préférence à tout autre pour le traitement de l'oïdium.

Mildiou. — Le mildiou, que tout le monde sait reconnaître aujourd'hui, doit être combattu, autant que possible préventivement, car lorsque le mal est déjà développé il est bien plus difficile de s'opposer à son extension que pris au début et avant même que ses dégâts soient apparents. Les traitements employés

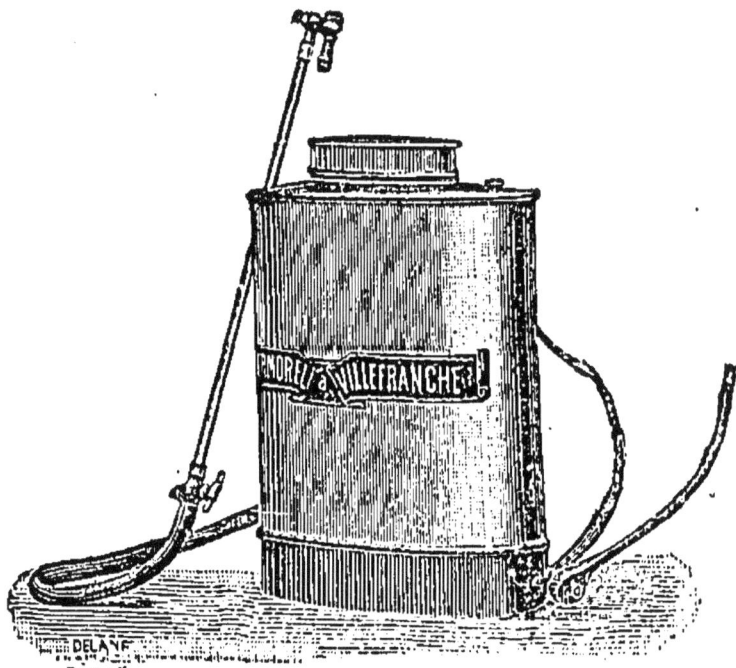

Fig. 24. — Pulvérisateur l'Eclair.

contre le mildiou sont de deux sortes : les uns liquides, les autres pulvérulents.

Les premiers désignés sous les noms de bouillie bordelaise, bouillie bourguignonne, eau céleste, verdet, etc., s'emploient avec des *pulvérisateurs* construits aujourd'hui par une multitude de fabricants. Pour être bons, ces appareils doivent être, autant que possible, en cuivre rouge, d'un maniement et d'un nettoyage faciles, solides sans être trop lourds, d'un débit voulu et régulier, réglable cependant à volonté, le développement du jet pouvant être plus ou moins grand suivant l'état de la végétation, afin d'éviter des pertes inutiles de liquide. — Le pulvérisateur *l'Eclair* (fig. 24) est, dans ce genre, parmi les

Fig. 25. — Pulvérisateur à dos de mulet.

appareils à dos d'homme, un type remarquable, et c'est ce qui lui a valu son immense popularité.

Dans les grands vignobles des pays où la main d'œuvre est chère, l'on a de plus en plus recours aux appareils à grand travail, soit à dos de mulet (fig. 25), les seuls utilisables pour les vignes dont la végétation couvre le sol en été, soit montés sur roues et à traction animale, dans le genre de celui que nous représentons ci-contre (fig. 26) et qui sont disposés de façon à ce que les jets de liquide traitent toutes les parties vertes de la vigne, dessus, de côté et dessous, à la seule condition que les pampres, relevés sur échalas ou sur fils de fer, permettent leur passage.

Fig. 26. — *Pulvérisateur à traction animale.*

Parmi les traitements liquides, nous donnerons seulement la composition des plus classiques.

L'eau céleste est composée de 1 kilogramme de sulfate de cuivre dissout dans trois litres d'eau chaude dans lesquels on verse 1 litre et demi d'ammoniaque après refroidissement. On ajoute 100 litres d'eau au moment de l'emploi.

Pour éviter à nos clients des manipulations parfois ennuyeuses et difficiles nous leur livrons l'eau céleste concentrée en bonbonnes de 57, 30, 15 kilogrammes et en bouteilles de 1 kilogramme. Cinq kilogrammes de ce liquide délayés dans 200 litres d'eau suffisent pour les premiers traitements d'un hectare. Lorsque la vigne est entièrement développée on augmente proportionnellement les doses en comptant toujours 2 kilogrammes et demi de liquide concentré pour 100 litres d'eau. La bouillie bourguignonne se compose de 2 à 3 kilogrammes de sulfate de cuivre dissous dans 95 litres d'eau environ, dans lesquels on verse une solution contenant pour 5 litres d'eau : 1 kilogramme à 1ᵏᵍ,500 de carbonate de soude raffiné de Solvay ou 3 à 4 kilogrammes de *cristaux* du commerce.

L'eau céleste et la bouillie bourguignonne ont l'avantage de ne jamais engorger les appareils, mais elles ont le grand défaut de ne pas laisser de traces assez apparentes sur les feuilles. C'est pour cette raison probablement que ces procédés ont été délaissés presque complètement, en bien des pays, par les viticulteurs qui lui ont presque partout préféré la bouillie bordelaise.

Cette dernière se prépare ordinairement à 2 ou 3 p. 100 de sulfate de cuivre combinés avec 1 ou 1 et demi p. 100 de chaux grasse. On dissout d'une part le sulfate de cuivre dans 100 litres d'eau. On fait éteindre d'autre part la chaux grasse en pierres dans 5 litres d'eau et l'on verse le lait de chaux dans la solution de sulfate de cuivre sans faire l'inverse. De prime abord cette opération paraît élémentaire et cependant elle offre en réalité de telles difficultés d'exécution surtout à cause de l'impureté ou de la mauvaise qualité de la chaux, que neuf fois sur dix elle ne remplit pas les conditions parfaitement voulues pour un bon traitement.

C'est pour éviter aux viticulteurs les ennuis et les inconvénients de cette préparation qu'a été crée la *bouillie bordelaise Schlœsing à poudre unique* dont l'emploi tend depuis plusieurs années à se généraliser. Il suffit de verser 2 kilogrammes de cette poudre dans 100 litres d'eau en agitant avec un bâton pour obtenir la bouillie prête à l'emploi. Elle est d'une efficacité à toute épreuve. Le précipité en est léger et floconneux et n'engorge pas les appareils comme ne manque jamais de le faire celui de la bouillie classique. La bouillie bordelaise Schlœsing évite aussi les accidents de brûlure et son adhérence résiste aux pluies les plus fortes. Comme preuve de la sincérité de ce que nous avançons, nous pourrions citer bien des exemples pris chez des particuliers, mais, pour abréger, nous préférons n'en citer qu'un seul tiré des expériences officielles faite par des hommes absolument indépendants et d'une compétence incontestée à l'Ecole nationale d'agriculture de Montpellier :

Les expériences contre le mildiou y sont poursuivies depuis huit ans, dans une vigne de jacquez, située dans un bas fond, offrant, par conséquent, toutes les conditions les plus favorables au développement de la maladie. — Le terrain est divisé en divers lots qui reçoivent des traitements particuliers différents, et le degré d'efficacité de chacun des procédés employés est accusé au bout de l'année par des notes graduées de 0 à 10.

En 1895, les expériences ont offert un intérêt tout particulier, en raison de l'intensité dans laquelle le mildiou a sévi. Il en est résulté, ainsi que nous y comptions, que la *bouillie bordelaise Schlœsing à poudre unique* a obtenu un classement supérieur à celui de la bouillie bordelaise classique à la chaux. Il a fallu exactement le double de sels cupriques utilisés par les procédés ordinaires pour obtenir un résultat approchant, mais néanmoins inférieur.

Il est facile, après toutes ces considérations, de s'expliquer la faveur accordée si rapidement par les viticulteurs à notre bouillie instantanée.

Les traitements normaux contre le mildiou doivent se faire quelques jours seulement après les soufrages ordinaires et se répéter d'autre part aussi souvent que les circonstances le commandent.

Cette constatation nous a conduit à rechercher les moyens de réaliser une économie sensible pour les viticulteurs en mélangeant à notre soufre précipité 10 p. 100 de sulfate de cuivre parfaitement pulvérisé.

Nous avons fait avec cette poudre, la première contenant du sulfate de cuivre qui ait été offerte au public, nos premiers essais en juillet et août 1884 et nous l'avons fait breveter en février 1885.

Sans mélange de sulfate de cuivre notre soufre précipité a déjà une action manifeste, incontestable sur le mildiou, ceci est un fait brutal qui ressort clairement d'une foule d'épreuves décisives que nous avons publiées autre part; il est donc aisé de comprendre qu'en l'additionnant de 8 à 10 p. 100 de sulfate de cuivre, on obtient une poudre éminemment efficace contre cette maladie, ainsi que cela a été affirmé par une quantité énorme d'attestations que nous avons fait connaître au public dans une notice spéciale.

Nous ne ressusciterons pas ici la guerre entre les poudres et les liquides proposés contre le mildiou ; tous deux ont leurs avantages et leurs inconvénients, et les conditions climatériques doivent seules guider le viticulteur dans le choix des unes ou des autres. Nous dirons seulement que partout où les poudres doivent être préférées aux liquides, c'est le soufre précipité Schlœsing sulfaté qui donnera les meilleurs résultats. En effet, toutes les autres poudres cupriques sont des mélanges de sulfate de cuivre avec une matière inerte, alors que le soufre précipité Schlœsing sulfaté est un mélange de sulfate de cuivre avec un spécifique réel du mildiou.

Il a été reconnu, dans tous les cas, qu'il faut que les

traitements liquides ou solides pénètrent sur tous les organes de la vigne et principalement sur les raisins si l'on veut éviter le mildiou de la grappe ou *rot brun* qui en occasionne cette sorte de grillage que l'on confond facilement avec celui qui est dû à l'action d'un soleil trop brûlant et qui existe souvent sur des souches dont aucune feuille ne porte de traces de maladie. C'est que les liquides projetés par les pulvérisateurs tombent sur les feuilles sans atteindre parfaitement les raisins protégés par elles. Il a été constaté d'ailleurs que la matière céreuse qui recouvre la peau des raisins, s'oppose à l'adhérence des liquides, tandis qu'elle retient bien les substances pulvérulentes. Nous avons là encore une des raisons qui font que les meilleurs praticiens sont d'accord avec de nombreux professeurs pour recommander d'alterner au moins les traitements par les poudres sulfatées avec les traitements liquides, surtout lorsque le climat ou les circonstances favorisent par des brouillards ou des pluies légères, l'efficacité des poudres destinées à s'opposer à l'envahissement du mildiou qui se trouverait alors faute de remèdes énergiques, dans les meilleures conditions pour se développer rapidement.

Black-rot. — Le black-rot ou pourriture noire est une maladie qui, depuis quelque temps, a terrifié, par ses désastres foudroyants, les viticulteurs d'un grand nombre de départements.

Ses dégâts, à peine sensibles il y a une dizaine d'années, ont pris une telle extension que sa présence a été constatée sur un bon tiers du territoire viticole de la France en 1895. La région du Sud-Ouest, en particulier, a été tellement éprouvée, que la récolte a été totalement anéantie sur des milliers d'hectares dans les départements des Landes, du Gers, du Lot-et- Garonne, de la Haute-Garonne, du Tarn, de l'Aveyron, etc.

La maladie peut éclater quelques jours seulement après le départ de la végétation et ensuite à toute époque jusqu'aux vendanges. Elle se déclare ostensiblement sur les feuilles, plusieurs jours après son existence réelle, par l'apparition de petites taches circonscrites, couleur feuille morte, de quelques millimètres seulement de largeur, et parsemées à la surface de petits points noirs analogues à ceux que laisserait de la poudre de chasse ou de tabac à priser finement pulvérisée.

Ces taches peuvent devenir nombreuses sur certaines feuilles, mais elles n'entravent nullement leur végétation si d'autres maladies ne viennent pas les contrarier.

Il n'en est malheureusement pas de même des effets du black-rot sur la grappe.

Celle-ci peut être attaquée immédiatement après la floraison, et jusqu'à la vendange. Dans les circonstances les plus favorables, à la suite d'alternatives de chaleur et de temps humides ou brouillardeux, l'on a vu le

black-rot anéantir les espérances de récoltes superbes
en l'espace de vingt-quatre à quarante-huit heures,

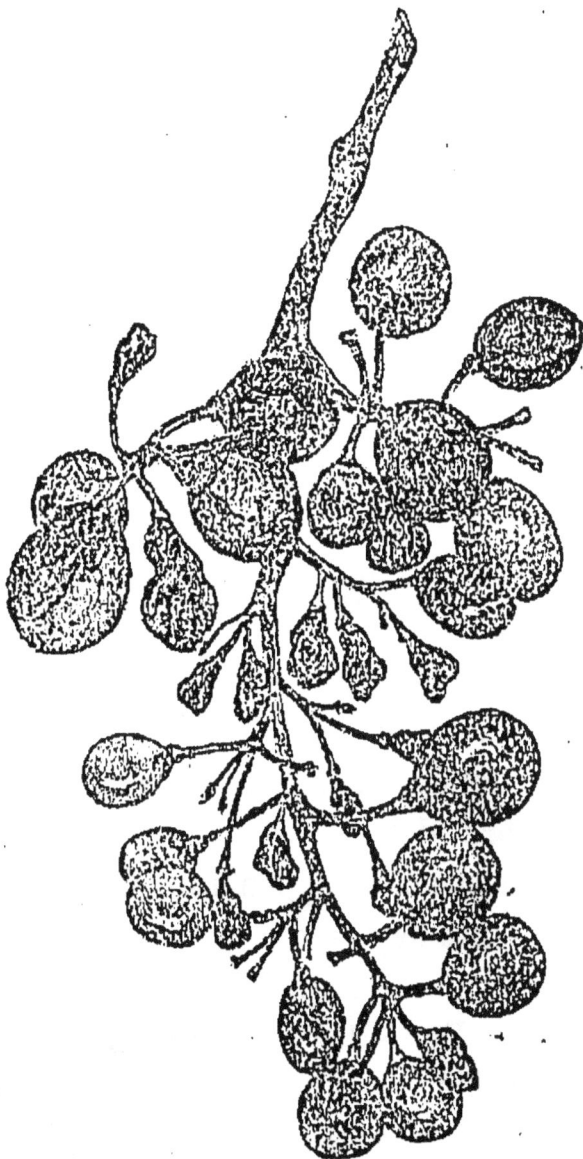

Fig. 27. — Grappe attaquée par le black-rot.

alors même que de loin la végétation des vignobles
paraissait encore luxuriante.

Lorsque les grains ont acquis ou dépassé la grosseur d'un pois, la maladie se manifeste d'abord par une petite tache qui grandit brusquement en prenant une teinte livide, comme si elle résultait d'un fort coup de soleil ou de l'application d'un corps brûlant; la pulpe devient d'abord juteuse, puis elle se dessèche, tandis que finalement la peau noircit, se ride jusqu'à ce qu'elle adhère aux pépins. En la regardant de près, elle apparaît (fig. 27) comme chagrinée, couverte de petites pustules noires, qui, si petites qu'elles soient, renferment, comme celles des taches des feuilles, des quantités prodigieuses de semences du black-rot destinées à la propagation de la maladie dans le courant de l'été et les années suivantes, si rien ne s'oppose à leur germination.

Un vaste Congrès a été organisé récemment par la Société d'agriculture de la Gironde à Bordeaux, où se sont donné rendez-vous toutes les sommités viticoles au nombre desquelles figuraient MM. Foëx, Viala, plusieurs inspecteurs généraux de l'agriculture, tous les professeurs départementaux des régions envahies, un grand nombre de délégués d'associations agricoles, etc. — De toutes les communications faites à cette remarquable assemblée, la conclusion a été que les procédés employés jusqu'ici contre le mildiou peuvent être bons contre le black-rot, à la condition expresse que les traitements soient exécutés avec grand soin, avec des matières soigneusement préparées, et surtout préventivement, car il est très difficile d'entraver le mal une fois qu'il est commencé. — Le premier traitement doit être fait dès le départ de la végétation et les autres doivent être répétés à espace assez rapproché pour que les organes verts de la vigne soient pour ainsi dire constamment blindés contre les atteintes de la maladie.

La plupart des orateurs du congrès ont été absolument d'accord pour reconnaître la nécessité d'alterner les traitements liquides avec les traitements pulvérulents sur les raisins, et plusieurs d'entre eux parmi lesquels il faut citer MM. Marre et Carré, professeurs départementaux d'agriculture, ont donné, pour ces derniers la préférence au soufre précipité sulfaté employé concurremment avec les traitements liquides d'été.

Nous recommandons aux viticulteurs de l'employer sur les raisins le soir après cinq heures ou de grand matin avant les grandes chaleurs, sauf par les temps couverts où il peut être employé toute la journée. S'ils ont soin, d'autre part, de bien couvrir les feuilles de notre *bouillie bordelaise à poudre unique* à 3 kilogrammes pour 100 litres d'eau, ils préserveront certainement leurs vignes du fléau le plus redoutable des vignobles après le phylloxera.

Anthracnose ou charbon de la vigne. — L'anthracnose ou charbon est une maladie très ancienne-

ment connue. Elle se reconnaît aux chancres plus ou
moins profonds qu'elle produit sur les rameaux qui
restent grêles, et cassent facilement au niveau de ces

G.L.

Fig. 28. — Anthracnose sur le rameau et les feuilles.

altérations. Les feuilles elles-mêmes sont souvent
criblées de taches et percées à jour comme une écu-
moire ; finalement elles se recroquevillent et se dessè-

chent (fig. 28) ; toutes les parties de la grappe et les grains se couvrent de taches noires analogues à celles du bois (fig. 29) et ne peuvent arriver à maturité.

Pour combattre cette maladie, il y a deux sortes de traitements : ceux d'hiver et ceux d'été.

Les traitements d'hiver sont les moins coûteux, mais ils sont souvent tout à fait insuffisants, surtout dans les

Fig. 29. — Grains atteints par l'anthracnose.

bas fonds et avec les cépages les plus sujets à cette maladie, comme le carignan, le morrastel, l'alicante B. le jacquez, etc. Ils consistent à badigeonner toutes les parties extérieures des ceps, après la taille, avec une solution de sulfate de fer concentrée (50 kilogrammes de sulfate de fer pour 100 litres d'eau chaude) sur laquelle on verse lentement 1 kilogramme d'acide sulfurique à 53°.

Avec notre soufre précipité additionné de 15 à 17 p. 100 de sulfate de fer nous avons constitué un produit qui, dilué dans son poids d'eau, constitue une bouillie pouvant remplacer la précédente qui est assez dangereuse à fabriquer et à manier par les ouvriers. On l'emploie de la même façon avec un pinceau, et peu de temps avant le débourrement.

Aucun des traitements d'été, au nombre desquels les soufrages additionnés de chaux sont donnés comme les plus efficaces, n'a donné des résultats supérieurs à ceux des soufrages pratiqués avec notre soufre précipité au sulfate de fer. On doit les répéter à huit jours d'intervalle si les premiers traitements ne suffisent pas à arrêter la maladie. Il est rare qu'elle résiste à deux ou trois traitements faits dans ces conditions. Pour les pays où existe le black-rot nous pouvons additionner le soufre précipité des deux sulfates de cuivre et de fer de manière à préserver les raisins, à la fois, de l'oïdium, du mildiou, du black-rot et de l'anthracnose.

Brunissure. — Dans un grand nombre de vignobles et principalement dans ceux qui sont reconstitués depuis peu d'années, l'on a remarqué des souches sur lesquelles la végétation semble suspendue ou arrêtée en été. Les feuilles prennent une teinte rouge ou brune ou jaunâtre uniforme ou par plaques seulement et finissent par se dessécher et mourir sans que les raisins puissent arriver à maturité. — MM. Viala, Prillieux et d'autres savants ont étudié cette maladie encore mal définie et connue. Ils admettent qu'elle paraît être d'origine cryptogamique sans que les remèdes employés pour les autres maladies aient eu d'action sur elle. Il résulte d'autre part d'observations d'hommes très sérieux que la brunissure pourrait bien résulter d'un manque d'équilibre entre la production demandée précédemment à la vigne et la fertilité du sol ; la preuve en est que l'on rencontre la maladie sur des souches taillées à longs bois à côté d'autres indemnes taillées à coursons, sur des parties de vigne privées d'engrais à côté d'autres bien fumées et où elle est introuvable. — La maladie est sans doute plus accessible aux ceps plus ou moins épuisés qu'à ceux qui trouvent dans le sol tous les éléments nécessaires à leur subsistance ; nous avons vu au chapitre de la taille et des engrais les meilleurs moyens de donner aux vignes toute la vigueur désirable.

Pourridié. — Le pourridié produit la pourriture des racines qui se couvrent de filaments blanchâtres dus au micelium de divers champignons qui entraînent à bref délai le dépérissement et la mort des souches. — Il se développe surtout dans les terres compactes ou à sous-sol imperméable où les racines sont fréquemment en contact avec une humidité persistante. Il n'y a pas de remèdes vraiment efficaces contre cette maladie. Comme moyens préventifs on recommande de ne planter que sur des terrains bien assainis. Lorsque l'on veut faire une plantation sur un défrichement de vigne atteinte de pourridié, il est indispensable d'extraire du sol toutes les racines ramenées à la surface pendant les deux ou trois années de culture qui s'imposent avant la nouvelle plantation.

MALADIES NON PARASITAIRES

Folletage ou apoplexie. — De tout temps l'on a remarqué dans les vignes quelques souches qui, après avoir bien végété comme les autres, cessent tout à coup de s'accroître au milieu de l'été sans raison apparente. Tantôt la souche entière est comme frappée d'apoplexie et meurt, tantôt un ou plusieurs bras seulement cessent de vivre. Il n'y a aucun remède à cet accident. M. Marès a seulement remarqué que le folletage est plus fréquent dans les sols peu perméables où les racines sont à peu de distance d'une couche aquifère ; de là cette indication, tant de fois reconnue comme utile, de bien défoncer les terres avant de les planter et de les assainir après la plantation si cette opération n'a pu être faite auparavant.

Chlorose. — Les mêmes conditions d'humidité aussi bien que les sécheresses excessives dans les sols trop peu profonds, peuvent occasionner la chlorose ou jaunissement des feuilles et le dépérissement des souches. Cette maladie ne peut être combattue alors que par les mêmes moyens, ou prévenue dans les nouvelles plantations par un meilleur choix de cépages.

Elle peut être due à un défaut de fumure et de soins culturaux ; les remèdes ici sont tout indiqués. Elle peut provenir de l'épuisement des ceps en raison de l'insuffisance des traitements contre les maladies cryptogamiques et sera alors évitée par l'emploi de ceux que nous avons passés en revue.

La chlorose se montre dans les vignes nouvelles sur des pieds dont les greffes ont été mal soudées et dans ce cas il faut les regreffer ou les remplacer ; mais elle est surtout fréquente à la suite du défaut d'adaptation des cépages au sol principalement dans les terrains calcaires. — Dans ce cas l'application des sels de fer a donné lieu en maints endroits à des résultats excellents, ce n'est que lorsque la dose de calcaire dans le sol est excessive qu'ils n'ont pas donné toute satisfaction.

Nous ne possédons aucun moyen vraiment pratique pour les viticulteurs de reconnaître jusqu'à quelle dose de calcaire, dans un terrain donné, le sulfate de fer, qui est le remède le plus employé, sera parfaitement efficace. M. Ravaz directeur de la station viticole de Cognac a présenté au Congrès de Montpellier, après une enquête très minutieuse les conclusions suivantes :

« La chlorose est très atténuée par les sulfates de fer employés soit en cristaux, à la dose de 4000 à 8000 kilogrammes par hectare mis au pied du cep, soit, ce qui vaut mieux, en dissolution à la dose de 500 grammes à 1 kilogramme par pied de vigne dissous dans la plus grande quantité d'eau possible (au moins 15 litres). »

Le premier traitement s'emploie dans le déchaussage préparé pour les engrais quelques jours avant ceux-ci afin que la pluie en dissolve une partie autant que possible.

L'autre traitement n'est permis que pour des vignes où l'eau peut être amené facilement, à peu de frais, ou bien lorsque la chlorose ne se montre que par taches sur quelques ceps disséminés.

« D'après M. Narbonne, des aspersions au sulfate de fer à la dose de 0,5 à 1 p. 100 sur les feuilles sont encore préférables, après avoir badigeonné avant le débourrement (comme pour l'anthracnose). La bouillie noire et les tartrates, acétates, malates, tannates, saccharates de fer, etc., agissent de même, ainsi que l'oxyde ferrique. »

Là où les traitements d'été donnent des résultats satisfaisants nous estimons que notre soufre précipité au sulfate de fer peut entrer victorieusement en parallèle avec les autres remèdes. Ses effets étant certains pour d'autres maladies, ainsi que nous l'avons démontré, les viticulteurs ont tout intérêt, à faire à ce sujet des essais comparatifs dont la conséquence sera, pour eux, une économie sensible dans les traitements des années suivantes. A signaler enfin comme plus récent et plus efficace, jusqu'à nouvel ordre, contre la chlorose, le procédé du docteur Rassignier, d'Olonzac (Aude), consistant simplement à tailler la vigne un peu avant la chute complète des feuilles et à badigeonner immédiatement toutes les plaies de la taille avec une solution contenant environ 30 p. 100 de sulfate de fer. Les résultats obtenus depuis trois années par cette méthode si simple et si économique, ont été surprenants et ils ont rendu à beaucoup de viticulteurs aux prises avec la chlorose, l'espoir de conserver les vignes qui paraissaient vouées à une mort prochaine.

PARASITES ANIMAUX DE LA VIGNE

M. Valéry-Mayet, professeur d'Entomologie à l'école d'Agriculture de Montpellier, a écrit sur les insectes de la vigne l'ouvrage le plus complet qui ait paru jusqu'ici ; nos lecteurs y trouveront tous les détails à travers lesquels nous avons choisi les plus indispensables pour le plus grand nombre des viticulteurs et auxquels nous avons ajouté nos observations personnelles.

Pyrale. — La pyrale (fig. 30) est un papillon qui dépose ses œufs en juillet sur les feuilles de la vigne. La petite chenille qui en sort passe l'hiver cachée sous l'écorce du cep ; puis, dès que les feuilles poussent, elle quitte sa retraite et se rend dans les bourgeons dont elle réunit les feuilles naissantes en tissant des fils. Après

s'être ainsi bâti une retraite, elle dévore les feuilles de
la vigne ; enfin, à mesure qu'elle grandit, elle s'élève
le long des sarments et passe d'un bourgeon à l'autre
en garnissant tout le pampre de ses tissus. On combat
la pyrale en hiver par l'échaudage des ceps avec de
l'eau bouillante ou par le clochage qui consiste à placer les ceps sous des cloches pendant cinq ou dix mi-

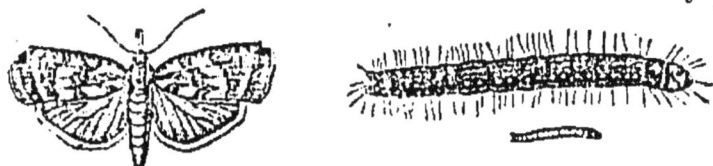

Fig. 30. — Pyrale.

nutes en brûlant du soufre au pied. Ces opérations
sont dispendieuses et parfois insuffisantes. Sans conseiller de les abandonner, nous sommes heureux d'ap-
prendre à nos lecteurs que le soufre précipité Schlœsing a une action marquée contre cet insecte et que
les soufrages ordinaires avec cette poudre contribuent
dans une certaine mesure à sa destruction *comme à
celle des insectes suivants.*

Toutefois pour augmenter ses effets insecticides
nous l'additionnons sur commande de 10 p. 100 de
poudre de tabac à l'état impalpable, et nous lui avons
alors donné le nom de *soufre précipité à la nicotine*
pour éviter les confusions.

La Cochylis, appelée aussi **Teigne de la grappe,**
ver coquin, est un autre papillon à deux générations :

l'une à la floraison, l'autre à la maturation des fruits et toutes les deux fort nuisibles à la récolte. En outre des moyens préconisés par la destruction de la pyrale et qui ont une certaine efficacité, le docteur Duffour, directeur de la station viticole de Lausanne, recommande une pulvérisation insecticide sur les jeunes grappes avant, pendant et après la floraison, avec un liquide contenant, pour cent d'eau, un et demi de poudre de pyrèthre et 3 parties de savon noir.

L'Écaille martre ou écaille caja (fig. 31) est un papillon long de 4 centimètres environ et de 6 centi-

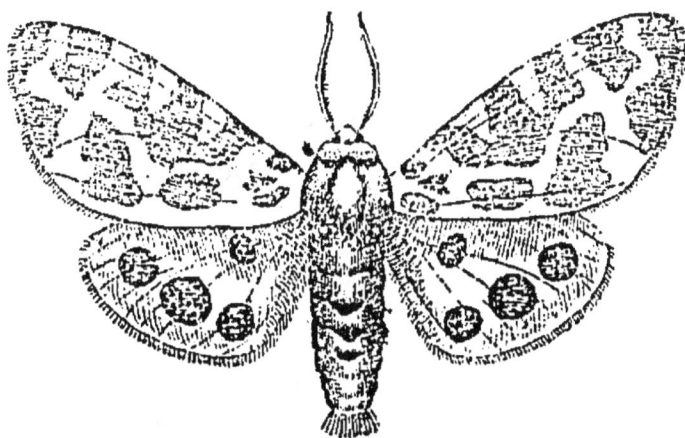

Fig. 31. — Ecaille martre.

mètres d'envergure dont la chenille, longue de plus de 5 centimètres est noire, avec des bouquets de poils très longs, d'où le nom de Taure bourrude qui lui a été parfois donné. Cette chenille peut devenir extrêmement abondante et elle a fait, depuis quelques années et au commencement du printemps dernier en particulier, de tels ravages sur les jeunes pousses de la vigne, que malgré une chasse extrêmement coûteuse et pénible, la récolte d'un grand nombre de vignobles de plusieurs départements du Sud-Est a été fortement compromise.

Sur nos conseils plusieurs vignerons n'ont pas hésité à essayer contre ces chenilles l'emploi du *soufre*

Fig. 32. — Chenille noctuelle du vert gris.

précipité Schlœsing, et les succès obtenus nous permettent d'affirmer que ce remède est autrement souverain que le ramassage toujours répugnant et incomplet de milliers de chenilles à la main.

Les Noctuelles sont des papillons dont les chenilles s'attaquent généralement à divers végétaux et malheureusement aussi à la vigne. Ces chenilles, bien connues des vignerons sous le nom de *Vers gris*, représentés ci-contre en grandeur naturelle (fig. 32), sont nocturnes et se cachent le jour à l'abri des aspérités des souches ou du terrain. La chasse en est assez difficile à cause de cette particularité. Nous ne connaissons là encore d'autres moyens de destruction réellement efficaces que celui que nous venons d'indiquer contre les chenilles de l'écaille caja.

Altise. — Ce petit Coléoptère de couleur vert foncé tirant sur le bleu (fig. 33), qui causait déjà d'assez grands ravages dans certains vignobles du Midi est devenu pour l'Algérie un véritable fléau. C'est à la fin

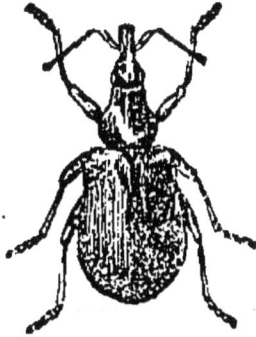

Fig. 33. — Altise.

de mars ou courant d'avril que les altises se répandent dans les vignes ; quelques jours après elles s'accouplent, et les femelles pondent à l'envers des feuilles une quarantaine d'œufs allongés de couleur jaune. Huit jours après la ponte, il sort de ces œufs des larves qui rongent la face intérieure des feuilles. Ces larves d'abord jaunes deviennent ensuite grisâtres et enfin tout à fait noires après plusieurs mues successives. Quand elles ont seize ou dix-huit jours d'existence, elles descendent le long des tiges et s'enfoncent dans le sol ; puis, au bout d'une semaine de réclusion environ, elles apparaissent à l'état d'insectes parfaits et continuent à ronger les feuilles jusqu'à ce qu'elles aient donné naissance à une nouvelle génération. Un mois suffisant à l'altise pour opérer le cycle de ses transformations, elle-peut en une seule saison donner naissance à cinq ou six générations.

La larve d'altise est radicalement tuée par le soufre précipité et cela avec d'autant plus de facilité qu'elle est plus jeune. Celles qui n'ont pas encore subi leur première mue, meurent au premier coup de soufflet. Les œufs eux-mêmes sont en grande partie détruits au premier soufrage.

Comme l'a fait très judicieusement remarquer M. Hipp. Lecq, professeur départemental d'agriculture à Alger, chef du service phylloxérique de l'Algérie, la destruction de la larve d'altise par le *soufre précipité Schlœsing* est parfaitement suffisante pour la protection des vignobles. Il suffit de répéter l'opération assez souvent. C'est du reste ce savant qui a le premier, en 1889, découvert cette propriété au soufre précipité Schlœsing.

Quant à l'altise à l'état parfait, elle délaisse pendant quatre à cinq jours les vignes saupoudrées de notre produit, en sorte qu'on peut ainsi diminuer énormément ses ravages. Quelques-uns de nos clients ont utilisé cette répulsion de l'altise pour le soufre précipité à doubler l'efficacité du ramassage à l'entonnoir, seul moyen connu jusqu'ici pour combattre cet insecte, ce à quoi ils sont arrivés en soufrant une ligne sur trois.

L'action du soufre précipité sur l'altise à l'état parfait est considérablement augmentée par le mélange de la poudre impalpable de tabac; dont nous avons parlé ci-dessus.

Les **Rynchites** ou **Attelabes** (fig. 34) portent, suivant les contrées, les noms vulgaires de plieurs, cigareurs, bêches, lisettes, coupe-bourgeons, cunches, urbecs, becmares verts, etc... Ce sont de petits coléoptères vert doré dont les femelles attaquent, avec leurs mandibules, le pétiole des feuilles de la vigne.

Attelabe.   Feuille roulée en cigare.
Fig. 34 et 35.

Ces dernières, partiellement détachées de la plante, se flétrissent légèrement et se ramollissent. L'insecte y pond alors ses œufs ; puis, pour les protéger, il roule la feuille en forme de cigare (fig. 35).

On ne peut guère faire la chasse à cet insecte qu'en ramassant les feuilles ainsi roulées avant qu'il en soit sorti. A remarquer que l'attelabe ne s'attaque pas aux feuilles récemment soufrées au soufre précipité, de sorte qu'en répétant les soufrages assez fréquemment on évite l'année même les ravages de l'insecte.

Le **Gribouri** ou **écrivain** ressemble à un hanneton en miniature ; il doit son nom aux découpures produites sur la feuille par l'insecte parfait (fig. 36), auquel on pourrait pardonner à la rigueur les faibles dégâts, si la larve qui vit sur les racines des vignes françaises surtout ne portait préjudice à la souche.

Fig. 36.

La chasse à l'entonnoir et par les autres moyens autrefois employés, deviendra inutile si l'on a soin de combattre ce petit insecte par la même opération que pour les parasites précédents.

L'**Erinose**, que l'on croyait autrefois produit par un champignon, est en réalité le résultat de la piqûre d'un petit insecte acarien du nom de *phytocoptes*, qui occasionne les boursouflures correspondant à la page inférieure des feuilles à un feutrage blanc ou roussâtre bien connu des viticulteurs. Les soufrages sont les seuls moyens de s'opposer à ses attaques, qui ne sont d'ailleurs que peu nuisibles.

L'**Opatre** et le **Taupin obscur** sont de petits coléoptères dont les larves se nourrissent de végétaux en décomposition et aussi des jeunes bourgeons souterrains dès qu'ils sortent des greffes. M. Valery-Mayet conseille de laisser un œil des greffes en dehors de la butte pour éviter les attaques des insectes et de débutter les greffes jusqu'au-dessous de l'œil supérieur, s'il a été enterré, dès que l'on remarque leur présence en quelques points de la vigne.

Les **Limaçons** et **Escargots** font parfois des dégâts très sérieux dans les vignes. M. Foëx fait, à propos de leur destruction, les remarques suivantes (p. 575 de son *Cours de Viticulture*) :

« On a observé que les vignes badigeonnées pendant l'hiver avec le sulfate de fer concentré, pour les préserver de l'anthracnose, échappaient généralement aux attaques de ces mollusques. Il en est de même de celles traitées au moyen de la sulfostéatite cuprique, dont on a proposé l'emploi contre le mildiou. »

Après ce que nous avons dit d'autre part, l'on ne

s'étonnera pas de nous entendre déclarer que le soufre précipité, pur ou mieux additionné de sulfate de cuivre, débarrasse complètement les végétaux sur lesquels ces mollusques exercent leurs ravages.

Acridiens ailés (criquets). **Sauterelles.** — Personne n'ignore les désastres épouvantables produits par ces insectes en Algérie. Le gouvernement s'en est ému et chargea, au mois de juin 1889, M. J. Kunckel d'Herculais, membre de la Commission technique du ministère de l'agriculture, et M. Th. Bauguil, professeur départemental d'agriculture à Constantine, d'entreprendre une série d'expériences en vue de rechercher si quelque substance usuelle, d'une application facile, pouvait empêcher ces insectes de s'attaquer à la vigne.

Après avoir expérimenté 17 substances sur 13 variétés de vigne placées sous des cages dans chacune desquelles on introduisait 100 à 300 acridiens ailés, les rapporteurs des expériences ont donné les conclusions suivantes :

« On remarquera, par la lecture de notre procès-verbal, que, parmi les substances expérimentées, les unes ont présenté des propriétés insecticides, d'autres des propriétés simplement répulsives ; les premières, soit à cause de leur volatilisation rapide, soit à cause de leur action fâcheuse sur les vignes, ne peuvent être préconisées ; les secondes, au contraire, nous semblent devoir être de beaucoup préférées.

« Parmi les substances pulvérulentes employées, seules ou à l'état de mélange, nous plaçons en première ligne le soufre précipité de Schlœsing ; son emploi facile entraînerait une dépense s'élevant à environ 30 francs par hectare, main-d'œuvre comprise, et serait, par suite, économique, puisque la substance agit en même temps contre l'oïdium, sans être nuisible à la végétation. La grande finesse des particules du soufre précité, qui augmente son adhérence sur les feuilles, le rend, pour ce motif, supérieur à beaucoup d'autres poudres. »

Ces expériences se sont absolument confirmées en grande culture et la répulsion qu'éprouvent les sauterelles et criquets pour le soufre précipité est aujourd'hui un fait constaté.

Toutefois, pour rendre un hommage fidèle à la vérité, nous devons ajouter que dans les cas de très grosses invasions, comme l'Algérie en a vu en 1890 et 1891, l'emploi du soufre précipité, qui n'agit sur les acridiens que comme répulsif, devient insuffisant et qu'il est indispensable de recourir aux moyens mécaniques qui ont été officiellement mis en usage.

Nos lecteurs ont remarqué l'insistance que nous avons apportée à l'emploi du *soufre précipité Schlœsing ;* mais, aucun d'eux n'a pu voir dans nos recommandations, un sujet de dépenses extraordinaires pour combattre les fléaux des vignes. Si nous avons su nous faire comprendre, ils ont dû reconnaître qu'ils réaliseront une véritable et sensible économie en en faisant usage. En effet, uniquement par les soufrages ordinaires indispensables pour l'oïdium, ils se préserveront, dans une certaine mesure, d'une foule d'ennemis de toute sorte, et par la simple addition de sulfate de cuivre, ou de sulfate de fer, ou de poudre de tabac suivant les cas, ils pourront combattre, en même temps que l'oïdium, des maladies ou des insectes contre lesquels des traitements spéciaux et coûteux s'imposent le plus souvent sans donner des résultats meilleurs ou équivalents. Nous espérons que tous les viticulteurs qui feront à l'avenir des essais comparatifs, se rangeront à la multitude de ceux qui ont passé cette période d'expériences et qui accordent toute confiance aux traitements que nous avons recommandés.

TROISIÈME PARTIE

VINIFICATION ET CONSERVATION
DES VINS

Vendanges. — Après tant de travaux et d'efforts, les viticulteurs qui ont parcouru péniblement toutes les étapes de la production, arrivent enfin à l'époque tant souhaitée des vendanges. Il ne faut cependant pas trop se hâter de les commencer, à moins que des raisons spéciales et majeures n'obligent le propriétaire à passer sur les conseils qui sont donnés à ce sujet par les meilleurs praticiens, C'est ainsi que dans les pays chauds, tels que l'Algérie, la Tunisie, l'Asie Mineure et même dans les départements très méridionaux de la France, il y a souvent avantage à ne pas attendre que la maturité soit absolument complète ; on obtient ainsi un vin plus acide, se clarifiant plus facilement et se conservant mieux.

Les raisins mûrs ont les grains mous, à épiderme relativement mince, se détachant facilement de la rafle ; le jus est doux, sucré et collant aux doigts. Lorsque la maturité est dépassée les grains se réduisent par suite de l'évaporation de l'eau qu'ils contiennent et de la concentration de leur contenu ; ils se rident et se ratatinent ; mais ce n'est que pour certains vins de choix ou de liqueur qu'une maturité aussi excessive doit être atteinte ; dans cet état, les raisins sont facilement envahis par un champignon spécial, le *botrytis cinerea* ce qui constitue la pourriture noble très recherchée pour la production du vin de Sauternes et des grands vins du Rhin.

Voici d'ailleurs les conseils que donne M. Rougier au sujet des vendanges dans son excellent petit ouvrage sur la vinification auquel nous aurons souvent recours et qui se recommande tout spécialement par sa clarté et sa valeur à tous les propriétaires de vignobles.

« La vendange doit être faite, autant que possible, par un beau temps, et il serait désirable de n'entrer dans les vignes qu'au moment où le soleil a fait disparaître la rosée et l'humidité.

« Dans les vignobles à vins fins, on procède au triage des raisins en même temps que l'on vendange ; d'autres fois, on cueille les raisins à mesure de leur maturité ; dans la pratique générale, il convient d'éliminer du panier les parties trop altérées, desséchées ou atteintes de maladies qui nuiraient considérablement à la qualité du vin. »

L'*égrappage* ne se pratique guère que dans les pays à vins fins ; il doit encore avoir lieu sur une partie ou sur la totalité de la vendange lorsqu'elle est récoltée un peu verte ou lorsque la proportion de rafle est considérable par rapport à celle du jus. Il s'opère soit à la main, soit avec un égrappoir mécanique dans le genre de celui qui est représenté ci-contre (fig. 37). Dans le midi, où les raisins mûrissent parfaitement, l'égrappage serait, en année ordinaire, plutôt nuisible qu'utile en diminuant le tanin du vin, qui est nécessaire à sa conservation ; l'amélioration, qu'il est pos-

Fig. 37. — Égrappoir mécanique.

sible d'obtenir ainsi sur les vins ordinaires, ne compense pas du reste le plus souvent sur les vins ordinaires les frais supplémentaires de main-d'œuvre.

Le foulage au moins partiel des raisins est utile avant leur introduction dans la cuve. Il commence à s'opérer dans les comportes et autres récipients où ils sont recueillis pour le transport de la vigne au cellier par les ouvriers qui les pressent avec les mains ou avec un pilon. Dans les pays et les années où les raisins sont bien mûrs et à peau mince, ce foulage sommaire peut suffire ; ailleurs il doit se faire soit à pieds

Fig. 38. — Fouloir mécanique.

d'homme, soit avec des fouloirs mécaniques (fig. 38).

Amélioration des vendanges défectueuses. —
Les vendanges ont parfois besoin d'être corrigées
ou améliorées pour produire des vins de bonne con-

servation. Dans les pays où elles sont imparfaitement mûres ou trop pauvres en sucre, l'addition de sucre, à raison de $1^{kg},800$ par 100 litres de vin et par degré d'alcool à obtenir en plus, peut rendre de grands services sans constituer aucunement une fraude tombant sous le coup des lois dont nous parlerons plus loin. On peut alors, saupoudrer la vendange de sucre à mesure qu'on la verse dans la cuve, mais il est préférable de faire fondre le sucre dans une petite portion du moût en chauffant, et de verser ensuite ce moût dans la cuve ; ce procédé a l'avantage de convertir le sucre et de le rendre directement fermentescible ; il subit bien la même transformation quand on l'introduit directement dans la cuve, mais elle est alors plus lente.

Dans les vignobles du bassin de la Méditerranée, on recourait naguère au plâtrage, opération par laquelle on ajoutait environ 3 kilogrammes de sulfate de chaux par 1000 kilogrammes de vendange et qui, tout en activant la fermentation du moût, augmentait l'acidité du vin et en assurait la plus longue conservation. Le plâtrage avait aussi pour effet de donner au vin une fraîcheur particulière, une couleur vive et une limpidité parfaites. Le procédé n'a pas paru sans inconvénients et une loi bien connue a limité à 2 grammes par litre, la dose de sulfate de potasse, que les vins peuvent contenir. Pour qu'elle ne soit pas atteinte, il ne faut pas dépasser une addition de 1 kilogramme et demi de plâtre par 1000 kilogrammes de vendange, ce qui est insuffisant pour obtenir les résultats d'autrefois.

On a conseillé de suppléer au plâtrage par l'addition d'une certaine quantité d'acide tartrique. La difficulté est de déterminer les doses à employer. M. Rougier conseille d'en ajouter 50 à 100 grammes par hectolitre de vin à la cuve et de compléter au besoin, plus tard, dans le vin cette première dose, si on la reconnaît insuffisante.

Nous avons, de notre côté, toute confiance que, grâce aux nouveaux procédés de vinification dont nous parlerons plus loin, la suppression du plâtrage qui paraissait au début si désastreuse, n'aura pas les conséquences fâcheuses que l'on avait d'abord redoutées.

Il est bien inutile que nous rappelions ici que les cuves et vases vinaires doivent être en parfait état, et surtout d'une propreté extrême au moment de commencer les vendanges. N'oublions pas non plus que celles-ci doivent s'opérer de manière à ce que les cuves puissent être remplies en un jour ou deux tout au plus ; ce remplissage doit s'effectuer jusqu'à 25 ou 30 centimètres du rebord supérieur de la cuve pour éviter le débordement du liquide en fermentation. L'on doit savoir que celle-ci s'opère le mieux à une température de 20 à 25°, qu'elle est arrêtée au delà de 45°, et même déjà à 36° dans les monts riches, quand cette haute température se maintient longtemps ; elle ne peut s'effectuer au-dessous de 10 à 15°. Si la température est trop élevée, il faut chercher à l'abaisser en aérant la cuve la nuit et en fermant toutes les ouvertures le jour, en plongeant dans le moût des récipients quelconques contenant de l'eau très fraîche, ou en se servant d'appareils spéciaux de réfrigération dont nous ne pouvons entreprendre la description. Dans le cas de température trop basse, on chauffe les celliers et on chauffe au besoin une petite partie du moût que l'on verse ensuite à la cuve pour obtenir la température voulue et une bonne fermentation.

Le cuvage peut se faire en cuve fermée ou en foudre comme cela a lieu assez communément dans les pays méridionaux ou en cuve ouverte ; l'essentiel est, dans ce dernier cas, que l'on ait soin de tenir immergé le *chapeau* constitué par l'ensemble des rafles, pellicules et pépins, composant ce que l'on appelle le marc, qui remonte au-dessus du moût pendant la fermentation. On évite ainsi une acétification très préjudiciable au vin.

A remarquer, d'autre part, que l'aération du moût lui-même est très recommandable, car il a été reconnu que, sans elle, les ferments du vin, si actifs dans les couches supérieures de la cuve, travaillent d'autant moins que l'on se rapproche davantage du fond de cette dernière.

Il est possible de concilier ces deux *desiderata :* 1° en tenant le marc immergé soit par un foulage souvent repété, soit par l'emploi de cuves à cloisons mobiles placées au fur et à mesure du remplissage, comme celle de M. Michel Perret (fig. 39), soit par

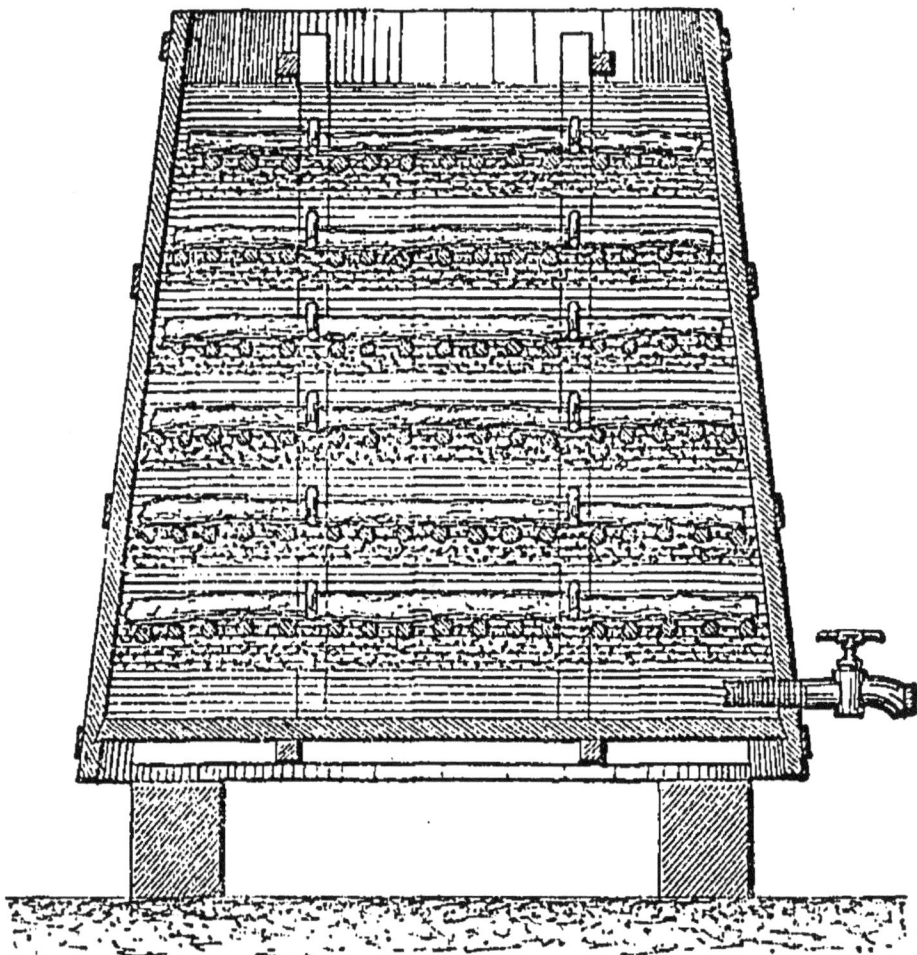

Fig. 39. — Cuve Michel Perret en pleine fermentation (section montrant 2 montants qui retiennent les traverses horizontales).

celui de simples filets que l'on fixe par des crochets à l'intérieur des cuves ; 2° en faisant écouler le moût de temps en temps par la partie inférieure des cuves

pour le reverser à la partie supérieure, soit par simple transvasement ou siphonnage, soit au moyen de

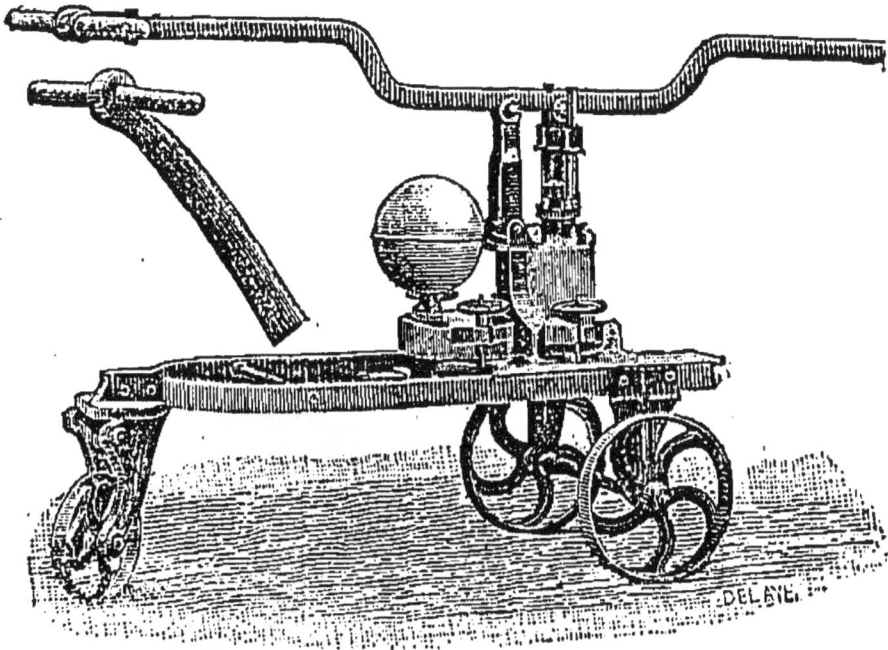

Fig. 40. — Pompe à vin.

pompes dont nous représentons ici un modèle (fig. 40).

Durée du cuvage. — Au bout d'une période variant
de trois à quinze jours, suivant les circonstances, la
fermentation tumultueuse se ralentit insensiblement
et cesse bientôt complètement. Le liquide se refroidit
et la majeure partie du sucre est transformée au point
que le pèse-moût (fig. 41) plongé dans le liquide
marque 0°. — Il est inutile, il peut même devenir nuisible, de laisser plus longtemps le marc en
contact avec le vin, il est temps de décuver. Il n'y a

que pour les vins dans lesquels l'on recherche plutôt du *corps* et de la couleur que de la *délicatesse*, que l'on peut avoir intérêt à prolonger davantage la durée du cuvage.

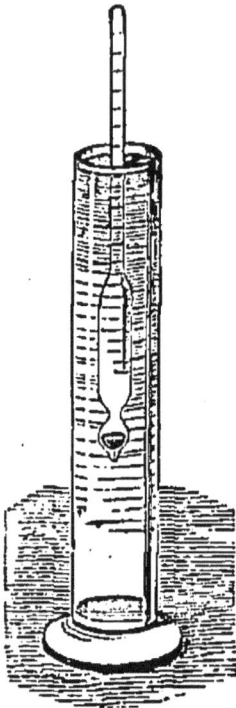

Fig. 41. — Pèse-moût.

Fig. 42. — Pressoir.

Pressurage.—Après le décuvage, on fait généralement subir au marc une ou plusieurs pressures afin d'en extraire une partie du jus qu'il contient. On se sert pour cet usage de pressoirs (fig. 42) de modèles très différents, dont nous n'entreprendrons nécessairement pas la description. Il suffit de savoir que le vin extrait du pressoir est plus alcoolique, plus coloré, plus acide que le vin de goutte, et s'il est vrai qu'il y a presque toujours avantage à le mélanger avec ce dernier, surtout dans les pays méridionaux, il ne faut pas oublier que l'on a tout intérêt à diminuer la quantité du vin retiré du pressoir toutes les fois que l'on a reconnu l'utilité d'un égrappage partiel ou total.

Telles étaient les seules recommandations qui étaient faites, il y a peu d'années, dans les meilleurs ouvrages d'œnologie, mais une révolution dans l'art de la fabrication du vin se dessine actuellement à la suite des travaux et des découvertes récentes de MM. Pasteur, Martinand et Rietsch, Rommier, Jacquemin et Marx, Kayser, etc., en France, et de MM. Muller-Thurgau et Wurtmann, en Allemagne, par l'emploi des *levures sélectionnées*.

Nous avons la bonne fortune de pouvoir résumer, pour nos lecteurs, les appréciations de M. Rietsch lui-même, sur les phénomènes qui président à la vinification et sur les conséquences qui en découlent au point de vue des méthodes à recommander aux viticulteurs soucieux d'apporter à la formation du vin et à sa conservation les mêmes soins qu'à la création et à l'entretien de leurs vignobles.

Phénomènes qui accompagnent la fermentation du moût. — La fermentation du jus sucré du raisin et sa transformation profonde en boisson alcoolique s'opèrent principalement sous l'influence de corps infiniment petits, visibles seulement au microscope avec des grossissements de plusieurs centaines de fois. On les appelle, ferments ou levures, quelquefois aussi *saccharomyces*, c'est-à-dire, *champignons du sucre*, à cause de leur propriété principale qui est de vivre aux dépens de cet élement.

Ces ferments ou levures n'ont pas les mêmes formes et les mêmes propriétés. Ils se présentent comme de petits corps ronds, ovales, elliptiques, plus ou moins allongés ; quelques-uns de ces globules sont isolés ; d'autres présentent de petits bourgeons latéraux ou terminaux ; d'autres restent réunis en chapelets ou en filaments plus ou moins ramifiés ; tous contribuent dans une certaine mesure, mais chacun avec des aptitudes différentes, à la production du vin. Ils se multiplient avec une rapidité extrordinaire dès qu'ils se trouvent dans un milieu favorable, comme le moût du raisin, en sorte qu'il suffit d'en introduire une infime quantité dans plusieurs hectolitres de moût dépourvu de tout organisme vivant pour qu'ils l'envahissent complètement en peu de temps ; puis la multiplication, d'abord très rapide, se ralentit pour devenir finalement nulle ; c'est que la vie même des levures et leur multiplication produisent dans le moût des modifications (en premier lieu la transformation du sucre en alcool), qui rendent ce milieu de moins en moins favorable à des multiplications nouvelles.

Le moût est d'ailleurs bien loin d'être dépourvu de

tout organisme vivant, car, en dehors des ferments
alcooliques, qui sont les véritables ferments du vin,
l'on découvre toujours à la surface des raisins à maturité une quantité de microorganismes variés qui
constituent une véritable flore microbienne dont les
éléments auront leur rôle dans la fermentation.

Cette flore est apportée sur les raisins par les pous-
sières, le vent, les insectes, etc., au fur et à mesure
que la grappe se développe ; elle y subsiste longtemps
à l'état de vie latente, décimée par le soleil, le vent
et l'air, enlevée aussi par la pluie, mais sans cesse
renouvelée.

L'intérieur du grain est préservé de leur contact
jusqu'au jour où les raisins commençant à mûrir
deviennent une proie enviée par beaucoup d'insectes,
par les guêpes en particulier. Ces insectes, et quelquefois d'autres causes accidentelles, comme la grêle ou
des chocs, des écrasements quelconques, déchirent la
pellicule et permettent aux microbes, mis à la portée
de la pulpe du raisin, de se nourrir, de se développer,
de sortir enfin de leur état d'inertie. Pourtant, ce
ne sont là, il ne faut pas l'oublier, que des occasions
exceptionnelles de multiplication

Mais une fois que nous jetons les raisins dans la
cuve, que nous les foulons et pressons, toute notre
flore se trouve imprégnée de moût, liquide riche en
sucre, contenant des substances azotées assimilables,
apte par conséquent au développement de beaucoup

de microbes. N'oublions pas cependant que ce liquide est nettement acide, condition défavorable à la vie d'un grand nombre de ces petits êtres, notamment de certaines bactéries. Parmi celles-ci il en est toutefois qui supportent un semblable milieu acide, ce sont les ferments acétiques surtout, puis les lactiques, butyriques, etc. Les premiers sont le plus souvent à craindre, heureusement qu'il leur faut beaucoup d'air pour réussir à exercer leurs irrémédiables ravages.

On rencontre encore en abondance sur les grains et par suite dans le moût, les moisissures telles que *penicillium*, *aspergillus*, *botrytis*, etc. Dans une année comme celle que nous venons de traverser, où les maladies cryptogamiques ont fait tant de mal à la vigne et aux vendanges, il faut mentionner encore tout spécialement l'oïdium, le mildiou, le black-rot. Ces champignons, de même que les mycodermes (fleurs de vin), s'accommodent bien d'un milieu acide comme le moût; pour se multiplier ils ont besoin d'air, mais la vendange en contient et ils n'y trouvent que trop, dans les premiers jours de cuvaison, l'occasion de s'y développer. Plus tard, faute d'air dans la profondeur, leur végétation se trouve limitée à la surface de contact de la vendange avec l'extérieur tandis que la quantité croissante d'alcool leur crée de son côté aussi des conditions de moins en moins favorables.

Les divers microbes que nous venons d'examiner peuvent donc vivre et proliférer dans la vendange, ils

consomment inutilement du sucre et des autres substances nutritives contenues dans le vin ; de plus, ils
élaborent des produits encore peu connus, mais qui
gênent en général et retardent le développement de la
levure elliptique, qui possèdent souvent un arome peu
agréable et déterminent enfin le défaut qu'ont certains vins de n'être pas francs de goût. Ces moisissures sont heureusement très sensibles à l'action de
l'alcool, et la plupart d'entre elles ne peuvent se multiplier dans une atmosphère d'acide carbonique
comme celle qui existe lorsque la fermentation devient
active ; elles meurent alors ou retournent au moins à
l'état de vie latente. Mais on voit combien il importe
de hâter le plus possible dans la cuve le commencement de la fermentation alcoolique.

D'autres êtres au nombre desquels se placent plusieurs _mucor_, des _torula_ et surtout les _levures apicu-_
lées peuvent vivre et se multiplier plus longtemps
dans la cuve ; car ils forment eux-mêmes de l'alcool
aux dépens du sucre ; ils supportent donc jusqu'à un
certain degré le contact de l'alcool et de l'acide carbonique. Cependant, comme leur résistance à l'alcool
est moindre que celle des levures elliptiques et leur
besoin d'air plus grand, ils finissent ainsi par céder la
place à ces dernières qui restent définitivement maî-
tresses du terrain et qui, à partir de ce moment,
achèvent seules la fermentation.

On pourrait croire que du moment que cette catégorie de microbes possède comme les vraies levures de vin, c'est-à-dire comme les levures elliptiques, la faculté de former de l'alcool aux dépens du sucre, leur élimination plus ou moins hâtive est sans importance, mais il n'en est rien, car l'on s'est rendu compte, par des cultures pures, qu'ils donnent au liquide fermenté un goût désagréable. Nous avons donc tout intérêt à arrêter le plus vite possible leur multiplication.

Les *levures apiculées* sont extrêmement répandues dans la nature. Hansen a montré leur présence à peu près constante dans le sol ; de plus on les trouve sur tous les fruits acides ou sucrés, et tout particulièrement sur les raisins ; elles sont partout bien plus nombreuses que les levures elliptiques. L'on peut même dire, d'après les savantes recherches de MM. Martinand et Rietsch, que sur les raisins les levures elliptiques sont presque toujours en nombre infime en comparaison des levures apiculées, de sorte que toutes les fermentations de fruits sucrés, de raisins surtout, après une phase de flore très variée avec prédominance fréquente de moisissures, passent par une deuxième phase où la levure apiculée tout à fait prépondérante se trouve souvent à l'état de culture presque pure ; comme troisième phase seulement, on voit apparaître enfin et augmenter progressivement la levure elliptique.

Suivant les races et les conditions extérieures, les levures apiculées peuvent former 2°,5 à 4° d'alcool et même davantage ; ce n'est que quand elles s'approchent de cette limite que leur activité se ralentit et qu'elles commencent à céder la place aux vraies levures de vin.

Il ne semble pas que l'on ait à reprocher à ces levures apiculées de donner mauvais goût au vin ; en tout cas ce serait un goût auquel nous serions bien habitués, car elles prennent une part importante à toute vinification. Il se peut que ces ferments contribuent à produire à la dégustation, cette impression commune de saveur donnée par tous les vins à laquelle on a donné le nom de *vinosité*. Cela ne veut pas dire qu'en réduisant ou supprimant l'action des levures apiculées on n'arriverait pas à former des vins plus fins et à goût plus franc, mais cette question n'est pas encore bien élucidée. Ce que l'on sait par les recherches de MM. Herselin et Rietsch, c'est que l'alcool formé par les levures apiculées coûte plus de sucre que celui formé par les levures elliptiques, surtout dans la fermentation des liquides ne pouvant donner que 8 à 10° d'alcool, ce qui est le cas de la grande majorité des vins. Ainsi là où le saccharomyces ellipsoïdeus (ferment elliptique) se contente de 18 grammes de glucose pour former un degré d'alcool, il faut au saccharomyces apiculatus (ferment apiculé) 20 grammes de glucose pour obtenir le même résultat. Indépendamment de la finesse et de la franchise de goût, *il y a donc un intérêt d'économie à réduire le rôle de la levure apiculée au profit de l'elliptique.*

De tous les organismes de la flore des raisins le plus important est donc le *saccharomyces ellipsoïdeus;* lui seul peut mener à terme la vinification ; il est indispensable à l'achèvement du vin et il suffirait à lui tout seul à sa formation. Mais il n'existe sur les raisins qu'en quantité infime comparativement à toutes les espèces que nous venons de passer en revue.

En étudiant, en effet, au microscope à intervalles réguliers les phénomènes qui se passent dans une vendange écrasée ou dans un moût séparé par expression, l'on constate tout d'abord un mélange complexe de microorganismes divers dont le nombre augmente rapidement : moisissures et mycodermes en forment souvent une fraction très importante ; après un temps plus ou moins long, il y a ensuite prédominance des divers ferments alcooliques secondaires dont nous venons de parler, mais surtout prédominance de la levure apiculée. Dans ces deux premières phases la levure elliptique est généralement très rare, souvent impossible à découvrir, puis elle apparaît, augmente sans cesse et finit par éliminer tous les autres concurrents. Mais, avant que ce résultat soit atteint il s'est écoulé souvent plusieurs jours pendant lesquels bactéries, mycodermes, moisissures, ferments alcooliques secondaires, ont dévoré sucre et autres aliments, sans profit pour la vinification ou avec un rendement moindre, déversant de plus dans le vin des produits qui en déprécient le goût et en diminuent la valeur. Selon toute évidence il y a tout intérêt à augmenter, dès le commencement de la vinification, la quantité de levure elliptique, à hâter ainsi le départ de la fermentation alcoolique énergique et à réduire toutes les fermentations secondaires, nuisibles à divers degrés. La chose est facile, car il suffit de bien petits volumes de cultures pures faites dans des liquides appropriés où l'on arrive facilement à avoir 100 à 150 millions de cellules de levure elliptique par centimètre cube, pour introduire dans la vendange des ferments elliptiques en nombre incomparablement supérieur à ceux qu'elle contient naturellement. En suivant alors la marche de la vinification ainsi modifiée l'on constate facilement qu'elle prend une tout autre allure, que la fermentation active s'établit bien plus vite et que tous les ferments secondaires, depuis les bactéries et moisissures jusqu'aux levures apiculées, sont rapidement réduits à un nombre infime ou éliminés. On arrive encore à obtenir des vins plus francs de goût, plus fins, avec une certaine augmentation du degré alcoolique, non pas évidemment que l'addition de levure elliptique cultivée multiplie le sucre de moût, mais parce qu'elle en assure une meilleure utilisation, un meilleur rendement.

Il est essentiel que cette addition de levure de vin cultivée se fasse avant que les autres microbes aient eu le temps de se développer dans le moût. Si la vigne est loin du cellier, si les raisins plus ou moins écrasés ont séjourné longtemps dans les comportes avant d'arriver à destination, l'influence des levures de vin ajoutées dans la cuve est diminuée d'autant et peut même devenir nulle. Pour éviter cet inconvénient il importe d'arroser les raisins de levure cultivée dans les comportes ou même dans les hottes. On pourrait encore augmenter notablement la quantité de levure ajoutée dans la cuve ; mais ce dernier moyen plus coûteux n'est pas toujours aussi efficace.

Quand on réduit ainsi l'importance des ferments secondaires, on arrive bien plus facilement, dans les traitements ultérieurs du vin, tels que soutirage, collage, à éliminer les ferments de maladie, et l'on obtient des vins d'une conservation plus facile et plus certaine. C'est un phénomène qui a souvent frappé les observateurs que si l'on expose des vins, les uns levurés, les autres non levurés, aux mêmes causes d'altération, les derniers se gâtent toujours plus vite que les premiers. Les considérations que nous venons de développer nous en donnent l'explication.

On voit enfin de quelle importance sera la propreté parfaite de toute la vaisselle vinaire et combien elle favorisera l'action des levures.

Influence des levures sélectionnées sur le bouquet des vins. — Jusqu'à présent nous ne nous sommes occupés que de la levure elliptique en bloc et en l'opposant aux autres microorganismes, que l'on rencontre sur la pellicule des raisins et dans la cuve au commencement de la fermentation ; mais le saccharomyces ellipsoïdeus ne constitue pas une race unique toujours identique à elle-même. Il faut savoir au contraire qu'il en existe de nombreuses variétés différant entre elles par la forme dominante des cellules dans les mêmes conditions de culture, par l'aspect des colonies, par l'inégale puissance fermentative, par leur développement inégal dans des milieux plus ou moins acides ou alcalins, par la température à laquelle leur activité est la plus grande, par leur résistance aux agents divers de destruction, par le temps nécessaire à la formation des spores à diverses températures, par le degré d'alcool qu'elles sont susceptibles de former, par la clarification plus ou moins rapide du liquide fermenté qu'elles ont produit, etc., etc., et surtout, à notre point de vue, par leur influence sur l'odeur et la saveur du liquide fermenté, c'est-à-dire sur le bouquet du vin.

On a souvent répété l'expérience d'un même moût divisé en plusieurs portions égales ensemencées chacune avec des levures particulières provenant de crus distincts et qui ont donné des vins différant entre eux par la saveur, le bouquet, etc. Nous ne voulons nullement dire que les qualités du moût sont sans importance ; loin de là notre pensée, car le cépage, le sol, l'exposition, le climat, les soins donnés à la vigne, le temps de l'année, etc., tout cela détermine les qualités du moût qui est de toute évidence le facteur le plus important pour la constitution du vin futur. Les principes qui ne sont pas contenus dans ce moût, en germes au moins, ne peuvent exister dans le vin ; mais plusieurs d'entre eux sont élaborés, modifiés pendant la fermentation, et la façon dont ce travail a lieu n'est pas indifférente ; c'est ici évidemment qu'il faut tenir compte des aptitudes de la levure employée.

La transformation du moût en vin ne consiste pas en effet seulement dans le dédoublement du sucre en alcool et acide carbonique, avec formation de quantités moindres de glycérine et d'acide succinique ; le travail est en réalité beaucoup plus complexe : d'autres corps encore prennent naissance, mais en proportions si infimes que l'on n'est pas encore arrivé à les atteindre pour la plupart par l'analyse chimique, ce qui ne les empêche point d'agir sur notre odorat et notre palais pour avoir en définitive une influence très grande sur notre façon d'apprécier le vin.

Le bouquet du vin, en particulier, entre pour une grande part dans sa valeur marchande, et si complexes que soient les phénomènes qui le déterminent, il est néanmoins possible d'observer son origine. Il peut provenir du raisin lui-même, sans modification, comme cela a lieu pour le muscat, mais il est principalement dû à la transformation de certaines substances contenues dans le vin sous l'influence des levures disséminées dans le liquide et à la suite de phénomènes d'oxydation et autres encore indéterminés.

Un fait d'observation indéniable depuis la multitude d'expériences faites dès 1889, sous l'impulsion de MM. Martinand et Rietsch, c'est que les levures de même nom, elliptiques par exemple, de Bourgogne, déterminent dans un vin qui eût été neutre sans leur concours, un bouquet spécial et différent de celui que fait naître l'emploi des levures elliptiques prises dans le Bordelais.

Personne ne nie aujourd'hui que l'on peut améliorer sensiblement la saveur et la qualité des vins communs en faisant intervenir dans la fermentation de leurs moûts l'influence des levures sélectionnées.

Il a été même reconnu que sans chercher à transformer des vins ayant du caractère et des propriétés spéciales appréciées des consommateurs, l'on peut parfaitement développer et améliorer ces dernières en introduisant dans le moût une certaine quantité des meilleures levures sélectionnées dans le cru même de ces vins.

Cela découle nécessairement de ce qui a été dit plus haut, et, comme il est impossible de tracer des règles générales à suivre dans toutes les situations, nous conseillons à chaque viticulteur de se livrer sur de petites quantités de vendange, au début, à quelques expériences avec des levures d'origine différentes. Par ce moyen, il pourra reconnaître assez promptement et pour longtemps la nature des levures sélectionnées les plus aptes à faire acquérir au vin produit dans des conditions déterminées son maximum de prix.

En résumé, d'après ce qui précède, on voit que l'on peut attendre de l'emploi des levures sélectionnées les avantages suivants :

Fermentation plus rapide, plus régulière, plus complète; augmentation du degré alcoolique, clarification rapide, finesse, naissance fréquente d'un certain bouquet rappelant celui du cru qui a fourni la levure, conservation des vins mieux assurée, vente plus facile, et presque toujours à prix plus élevé. Ajoutons encore que le vin de raisins américains a, dans de nombreuses expériences, perdu par les levures sélectionnées son goût foxé et que *l'apport des levures sélectionnées peut dispenser complètement de l'opération du plâtrage.*

Sans parler des essais des années précédentes, à titre de concessionnaires exclusifs des levures préparées par MM. Martinand et Rietsch, nous avons fait faire 700 nouveaux essais sur un ensemble de 80,000 hectolitres de vin, et de l'enquête à laquelle nous nous sommes livrés auprès de nos correspondants (enquête que nous avons publiée et qui contient une partie des lettres de ces derniers), il résulte que les résultats que l'on recherchait sont déjà obtenus en maints endroits comme ils le seront bientôt partout.

Nous avons sans doute encore comme dans toutes les innovations, quelques progrès à réaliser dans la sélection et l'emploi des levures, et surtout dans les moyens de les utiliser de manière à ce qu'elles soient dans les conditions les plus favorables à leur action, mais les résultats acquis sont tels qu'il serait oiseux d'attendre qu'ils soient encore plus parfaits pour commencer à recourir à l'emploi d'une méthode qui donne, dans tous les cas, à peu de frais, une amélioration générale de vin.

Mode d'emploi. — La levure est expédiée en bidons scellés contenant les quantités nécessaires pour 10, 20, 30, 40, 50, 60, 100 et 200 hectolitres de moût. Il ne faut ouvrir les bidons qu'au moment même où l'on veut les employer, car, une fois qu'ils sont ouverts, la levure peut se détériorer au bout de quelques jours.

On agite fortement les bidons pour bien mettre en suspension la levure souvent très adhérente au vase ; on coupe le tube d'étain et l'on verse le liquide dans le moût : l'écoulement sera favorisé en perçant à ce moment le fond du bidon d'un petit trou permettant la rentrée de l'air. Quand tout le liquide est écoulé, on remplit encore le bidon au quart avec du moût, on agite fortement et l'on vide dans la cuve ; toute la levure du bidon est ainsi enlevée.

Pour le vin blanc la levure est versée dans le moût aussitôt qu'il sort de la presse.

On peut employer ainsi la levure directement; mais il sera généralement préférable de préparer d'abord *un levain ou pied de cuve*. Dans ce but, pour traiter par exemple 20 hectolitres de vin, on prend une dizaine de kilogrammes de raisins choisis bien mûrs et bien sains, on les place dans un panier que l'on promène pendant quelques minutes seulement dans de l'eau chauffée à environ 80° en tenant les raisins immergés de façon à bien les laver et à stériliser leur surface; on les écrase ensuite dans un vase en bois rincé à l'eau bouillante avec un bâton lavé dans le même liquide, puis on verse le moût dans un récipient en bois ébouillanté ou dans une bonbonne en séparant autant que possible les rafles et pellicules. Quand ce moût est refroidi à 30°, on y verse la dose de levure nécessaire pour 20 hectolitres, et on laisse en contact trois jours après avoir bien couvert. C'est ce liquide qui servira dans la suite, pour asperger la vendange dans la cuve. Mais si l'on est pressé, on pourra employer ce pied de cuve au bout de quarante-huit heures, et à la rigueur il suffira de l'installer la veille de la vendange; mais il ne faut pas attendre plus de trois jours, car autrement le mélange pourrait se contaminer; il serait surtout exposé à s'acétifier.

On peut aussi prendre (au lieu de 10 kilogrammes

de raisins) 6 litres de moût que l'on chauffe à 80°;
on laisse refroidir à 30°, puis on y verse la levure;
le mélange dans ce cas pourra avoir un goût de cuit
un peu plus prononcé; mais la quantité en est trop
faible pour que ce goût se communique au vin.

Le pied de cuve a l'avantage de donner la levure en
pleine fermentation et sous un volume plus considérable, ce qui permet une répartition plus égale dans le
moût.

Il est important, nous l'avons déjà dit, que la
levure soit mise en contact avec le raisin aussitôt qu'il
est écrasé ou mouillé de moût, car à partir de ce
moment les ferments secondaires commencent à se
développer. En conséquence, si la vigne est loin du
cellier ou si, pour une cause ou pour une autre il
s'écoule plus de deux ou trois heures entre la cueillette
et la mise en cuve, c'est dans la vigne même qu'il
faut asperger les raisins avec le pied de cuve, soit dans
les comportes, soit encore mieux dans les hottes,
paniers ou seaux qui servent à les transporter dans ces
dernières. On peut se servir pour cela d'un arrosoir
muni d'une pomme, avec lequel on asperge les raisins,
car la bonne répartition de la levure sur la vendange
est nécessaire pour obtenir des résultats certains.

Il n'y a plus alors qu'à abandonner la fermentation
à elle-même. Chaque millionième de goutte suffit à
créer un îlot de fermentation elliptique, et il est
facile de comprendre dans ces conditions, qu'en très

11

peu de temps, la cuve tout entière bout puissamment sous l'action du véritable et bon ferment du vin.

Que les cuves n'aient point servi depuis la campagne précédente ou qu'on les ait déjà employées pour une fermentation, il est indispensable de les nettoyer à fond et même de les désinfecter, par les moyens que nous passerons en revue, car celles-ci recélent trop souvent des ferments de vinaigre, des moisissures, des levures vulgaires et d'autres microbes qui ont pour effet de gêner plus ou moins l'action bienfaisante des levures sélectionnées.

Une fois la fermentation la plus tumultueuse passée, on fera bien, ainsi que nous l'avons vu, de faire des soutirages fréquents à la cuve, c'est-à-dire de faire écouler le liquide de la partie inférieure pour le reverser en haut, en le répartissant uniformément à la surface. Cette opération hâte la fin de la fermentation et favorise notablement l'action des levures sélectionnées; elle est toujours utile, mais elle l'est surtout quand la température de la cuve s'élève au-dessus de 30°.

Les bidons de levure sont gradués pour un nombre déterminé d'hectolitres, comme nous venons de le dire, et cette dose est suffisante dans le plus grand nombre de cas. Cependant si les raisins sont recueillis mouillés par la pluie, entamés par les insectes ou par d'autres causes, ou encore souillés fortement par de la terre, de la boue, si enfin les moisissures sont abondantes, comme cela peut arriver surtout dans les années où les maladies cryptogamiques ont été fréquentes, il ne faut pas hésiter, dans ces divers cas, à doubler et même à tripler la dose indiquée de levure.

PIQUETTES, VINS DE MARCS, VINS DE SUCRE
VINS DE RAISINS SECS

Après le décuvage il reste encore dans les marcs non pressés ou même pressés une certaine quantité de vin, des matières extractives tannantes, colorantes et des sels dont on tire profit dans certains pays en les additionnant immédiatement d'une certaine quantité d'eau. Il y a des endroits pauvres où la boisson ainsi obtenue, et qui constitue les *piquettes*, est presque la seule que boivent les ouvriers des campagnes et où l'eau est même renouvelée plusieurs fois par le haut des cuves au fur et à mesure que le liquide est extrait par la partie inférieure.

Depuis la loi du 27 mai 1887, qui a abaissé à 24 francs par 100 kilogrammes au lieu de 50 les droits sur le sucre raffiné destiné au sucrage des vins, il est bien plus avantageux dans ces pays de faire des vins de deuxième cuvée en employant au lieu d'eau pure, une dissolution contenant $1^{kil},800$ de sucre par hectolitre de vin à obtenir et par degré d'alcool. On ajoute ordinairement autant d'eau que l'on a extrait de vin et l'on en fait tiédir une partie dans laquelle on fait dissoudre le sucre, si cela est nécessaire, de façon à obtenir une température de 25° environ.

On peut compléter avantageusement ces opérations en ajoutant 50 à 100 grammes d'acide tartrique et 10 grammes de tanin par hectolitre d'eau.

On obtient ainsi, après la fermentation, un vin dit de *marc*, ou de *sucre*, ou de *deuxième cuvée*, qui n'a nécessairement pas les mêmes propriétés que le vin naturel. Les vins de raisins secs obtenus de même par addition d'eau sont dans le même cas, et ni les uns ni les autres ne peuvent, d'après les lois du 15 août 1889 et du 12 juillet 1891, circuler tels quels ou mélangés aux vins naturels, qu'à la condition de porter sur les tonneaux, en gros caractères, les mentions : vins de sucre, vins de marcs, vins de raisins secs. Les mêmes indications doivent être portées sur les factures, livres, lettres de voiture et connaissements sous peine d'amende de 25 à 50 francs et d'emprisonnement de dix jours à trois mois toujours appliqué en cas de récidive.

Les viticulteurs auraient tout à gagner à la stricte application de ces lois qui sont toutes en faveur des intérêts des propriétaires de vignobles et des consommateurs. Il est aussi souverainement injuste, en effet, de faire payer à ceux-ci, comme vins naturels, des vins faits en grande partie avec de l'eau, qu'il est regrettable de les voir, dans les mains de certains négociants, un objet de concurrence déloyale et très préjudiciable aux intérêts des viticulteurs.

On ne peut que désirer que des mesures spéciales soient prises pour que ces lois soient mieux appliquées à l'avenir que par le passé.

VINS BLANCS

Depuis quelque temps, peut-être à cause des nombreuses falsifications auxquelles se sont prêtés les vins rouges, et parce que l'on croit qu'elles sont moins faciles ou moins nuisibles à la santé avec les vins blancs, la consommation de ces derniers est devenue en grande faveur dans le public. Nous allons, en conséquence, consacrer quelques lignes à la fabrication des vins blancs secs, les plus demandés, sans nous arrêter à celle des vins spéciaux : doux, muscat, liquoreux, etc., qui est parfaitement connue dans les pays où il y a intérêt à les produire.

Les raisins noirs à *jus incolore*, comme les raisins blancs, peuvent servir à la fabrication du vin blanc. (Les cépages teinturiers doivent en conséquence et nécessairement en être exclus.) Le vin blanc s'obtient en séparant immédiatement après la vendange le moût des rafles et des pellicules qui contiennent les matières colorantes, pour le faire fermenter. — L'essentiel, surtout si l'on opère avec des raisins noirs, c'est de ne pas laisser la fermentation commencer dans les récipients qui contiennent la vendange avant qu'elle arrive au fouloir et au pressoir. Dans les petites et moyennes propriétés, où l'achat d'appareils à grand travail serait trop coûteux, l'on se contente de faire subir aux raisins plusieurs presses aussi rapidement que possible. On mélange les moûts obtenus pour les mettre dans des tonneaux dont on laisse la bonde ouverte et que l'on n'emplit pas entièrement pour éviter les pertes de liquide pendant les jours suivants. Après la fermentation tumultueuse, on ferme l'orifice supérieur du tonneau avec une bonde hydraulique ou par tout autre procédé permettant le dégagement des gaz de la fermentation secondaire qui est très longue, sans que l'air puisse y entrer facilement.

Dans les grandes exploitations il serait fort difficile d'avoir le matériel et le personnel nécessaires pour fabriquer ainsi le vin blanc. Les pressoirs ne retirent qu'une trop faible partie de la matière visqueuse constituée par les raisins non fermentés d'une part, et il est difficile d'opérer assez vite pour qu'une partie des matières colorantes des grappes ne passe pas dans le jus. On obtient alors des vins un peu rosés qui ne sont pas dédaignés par certains consommateurs, mais les défauts qui viennent d'être signalés ont suffi pour que le monde viticole ait porté la plus grande attention aux appareils à grand travail continu, à manège ou à vapeur (plus rarement à bras) susceptibles de fouler et presser les raisins aussitôt après leur sortie des

vignes et séparant parfaitement les rafles et les pellicules du jus, tout en asséchant beaucoup mieux le
marc que les meilleurs pressoirs employés autrefois.
Les systèmes Masson (fig. 43), Françon, Morineau,
Debonno, etc., ont été fort remarqués dans les différents concours agricoles où ils ont paru et où ils ont

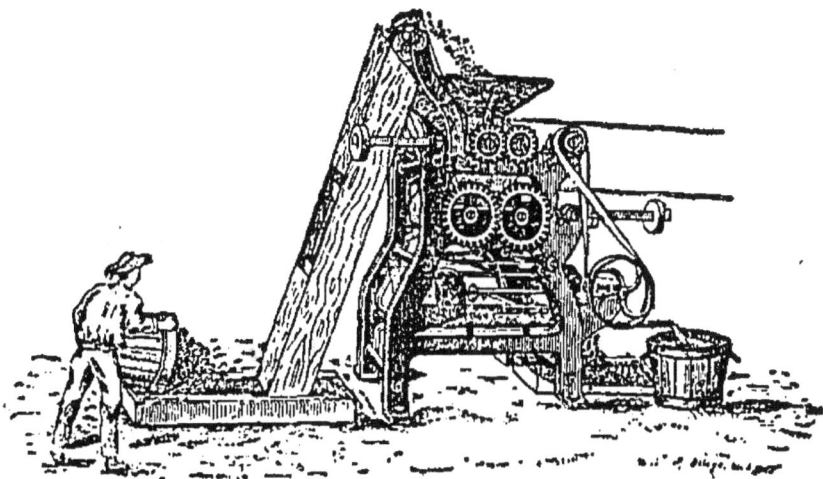

Fig. 43. — Fouloir à double effet Masson.

été fort appréciés. Il est probable que leurs prix élevés
ne seront pas un obstacle à leur utilisation, même
par la petite propriété, car des entrepreneurs de pressurage parcourent déjà les campagnes à la façon des
entrepreneurs de battages de céréales, et ils se multi-
plieront partout où ils seront demandés.

La fermentation secondaire des vins blancs ainsi
fabriqués est lente, leur éclaircissement ne se produit
qu'à la longue et leur soutirage ne peut avoir lieu
qu'en février par un temps sec et calme. D'autres sou-

tirages nombreux et des collages s'imposent pour en obtenir le liquide clair et transparent apprécié des consommateurs.

Ces inconvénients seront considérablement réduits si l'on a soin de recourir, ainsi que nous l'avons dit, aux levures sélectionnées des meilleurs pays de vins blancs, en les mélangeant au moût *à sa sortie du pressoir*. Tous ceux qui auront l'occasion de faire des essais comparatifs, ou de les suivre chez des expérimentateurs, seront frappés de la rapidité avec laquelle la parfaite limpidité du vin est obtenue sans collages, avec les liquides levurés, tandis que les témoins privés de levure seront encore troubles ou louches même après plusieurs mois de fabrication. Il est bien inutile de faire ressortir les avantages qui en résultent pour le producteur qui peut ainsi arriver plus tôt sur le marché et y offrir à toute époque une marchandise supérieure en qualité à celle d'autres concurrents. Il ne nous reste plus qu'à entretenir nos lecteurs des précautions à prendre pour assurer la conservation de leurs vins de toutes sortes.

CONSERVATION DES VINS

Nous avons déjà insisté sur la nécessité de ne faire cuver les moûts que dans des vases parfaitement irréprochables et il est encore indispensable de ne mettre le vin que dans des récipients très bien préparés.

PRÉPARATION ET ENTRETIEN DE LA VAISSELLE VINAIRE

Les tonneaux *neufs* doivent être *étuvés* par des jets de vapeur que l'on renouvelle jusqu'à ce que l'eau

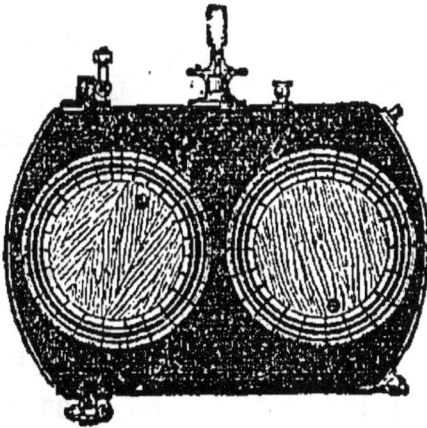

Fig. 44. — Autoclave Vermorel. (Coupe en profil.)

n'ait plus d'odeur à la sortie. Dans les grandes propriétés l'étuvage se fait en faisant communiquer un générateur de vapeur quelconque avec les foudres ou bien avec un autoclave comme celui qu'a imaginé M. Vermorel (fig 44 et 45) renfermant les tonneaux. Lorsque l'on n'a pas à sa disposition de chaudière spéciale pour cette opération, on se contente de faire deux rinçages : l'un à l'eau bouillante contenant 2 à 3 kilogrammes de sel et l'autre à l'eau claire.

Il suffit de rincer soigneusement les tonneaux qui ont contenu du vin de bonne qualité et que l'on doit remplir peu de jours après ; mais lorsqu'ils ne doivent être remplis à nouveau qu'au bout d'un certain temps

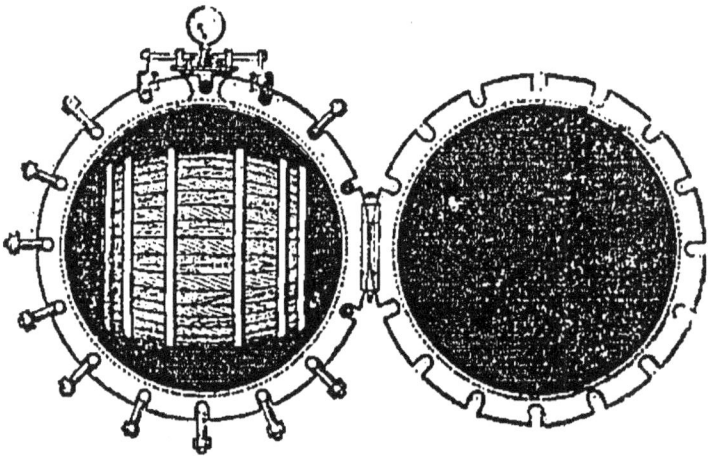

Fig. 45 — Autoclave Vermorel.

lorsqu'ils contiennent beaucoup de dépôt sur les parois, il faut soit les brosser, soit les nettoyer à la chaîne, puis les rincer à grande eau. On laisse les orifices ouverts jusqu'à ce que le tonneau soit sec et à ce moment on fait brûler 2 à 3 centimètres de mèche soufrée par hectolitre de contenance, puis on ferme hermétiquement les ouvertures. Avant de se servir à nouveau du tonneau, il faut l'aérer et le rincer à l'eau claire ou mieux avec quelques litres de vin de bon goût.

Faute d'avoir pris ces précautions, les vases vinaires exposés à l'air humide peuvent se moisir à l'intérieur et communiquer un goût détestable au vin. Si les moisissures sont peu développées, il suffit pour les détruire de rincer avec de l'eau contenant un dixième d'acide sulfurique et de laver ensuite à l'eau claire ; mais lorsqu'elles tapissent l'intérieur des tonneaux, il faut les laver avec de l'eau bouillante contenant 60 grammes de bisulfate de chaux pour 5 litres suffisant pour une contenance de 200 litres. On laisse ensuite sécher pendant vingt-quatre heures, puis on rince de nouveau avec une même quantité d'eau chaude contenant 250 grammes de sel de cuisine pour 5 litres.

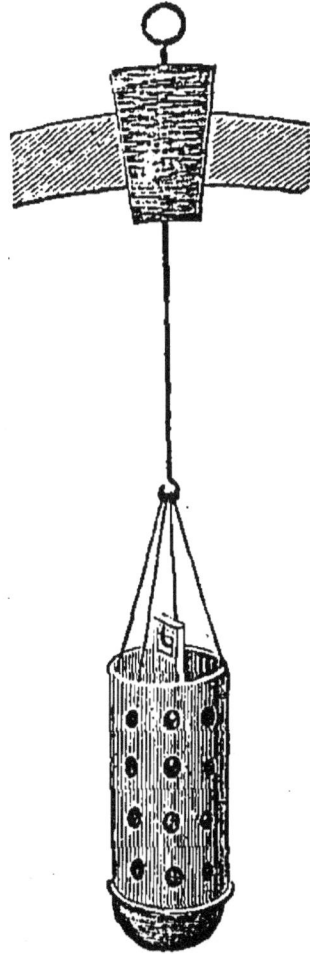

Fig. 46.
Brûle-mèches.

Si les tonneaux à remplir ont contenu du vin aigri, piqué, il faut les nettoyer avec un lait de chaux contenant 1 kilogramme de chaux pour 10 litres d'eau. On agite ensuite fortement et l'on rince plusieurs fois de manière à enlever complètement la chaux.

Enfin lorsque sans présenter des signes d'altération, le tonneau resté longtemps vide risque de communiquer au vin un mauvais goût, il est bon de lui faire subir un étuvage avec de l'eau bouillante contenant des feuilles de pêcher dont les principes aromatiques ont une heureuse influence sur le vase vinaire.

Mais ici, comme en toute chose, il vaut mieux prévenir que guérir. Si pour une raison quelconque, un fût doit rester un certain temps inoccupé après son nettoyage, il est élémentaire de brûler à l'intérieur un ou deux centimètres de mèche soufrée placée dans une corbeille métallique ou un brûle-mèche (fig. 46) suspendu par un fil de fer à la bonde du tonneau.

Grâce à ces précautions, jamais un bon vin ne risquera d'être altéré par le contact d'un récipient mal assaini.

SOINS A DONNER AUX VINS APRÈS LE DÉCUVAGE

Ouillage. — Après la fermentation tumultueuse de la cuve, le vin soutiré est encore soumis à une petite fermentation secondaire et lente, pendant laquelle son volume diminue. D'autres causes encore entraînent plus tard dans les tonneaux un vide qu'il importe de combler par un remplissage ou ouillage périodique fréquent au début, pouvant dans la suite n'être répété que tous les un ou deux mois.

Soutirage. — Le vin sorti de la cuve contient en suspension des matières qui se déposent petit à petit. Les premiers froids activent cette clarification et le

Fig. 47. — Filtre à manche.

premier soutirage destiné à séparer le liquide limpide de la lie doit se faire au commencement de décembre, pour les vins communs tout au moins.

Un nouveau dépôt se fait encore à la suite de phénomènes divers dans le vin pendant l'hiver et un deuxième soutirage est nécessaire en mars.

L'expérience a montré que les vins fins devaient être soutirés en février, juin et août.

Inutile d'ajouter que d'autres soutirages peuvent être rendus utiles à toute époque, à la suite, par exemple, d'altérations que nous aurons à passer en revue.

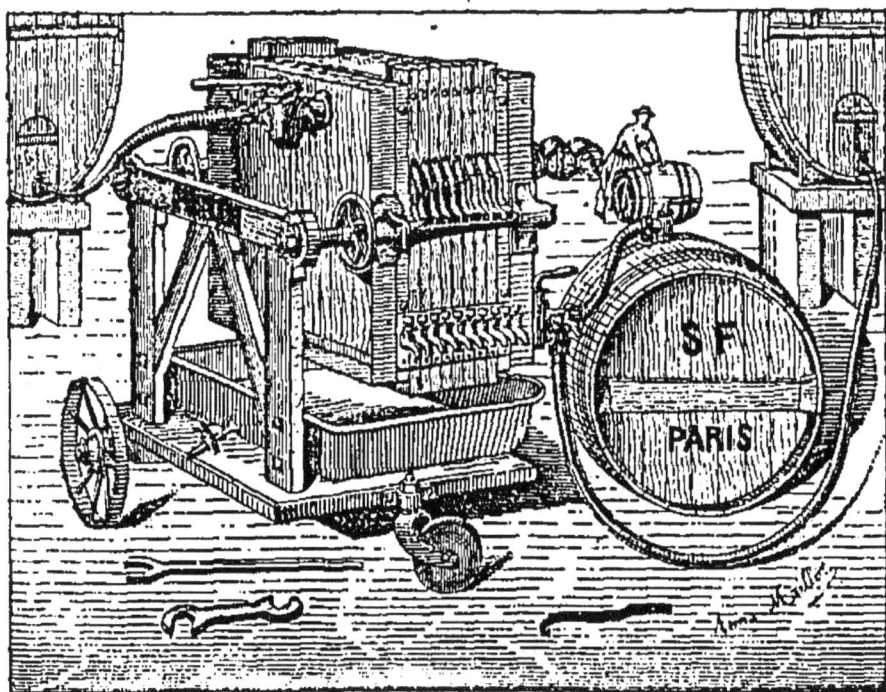

Fig. 48. — Filtre-presse.

Filtrage. — Les vins troublés par des matières solides en suspension peuvent être rendus assez souvent limpides par un simple filtrage. Les filtres employés pour cet usage sont de deux sortes : 1° les filtres à manches (fig. 47) ; 2° les filtres-presses (fig. 48).

Le vin étant mis en contact avec l'air par l'usage des filtres à manches, ceux-ci conviennent principalement aux vins rudes, corsés et jeunes, tandis que les filtres-presses, avec lesquels cette aération est évitée, sont préférables pour les vins faibles ou pour les vins délicats.

Collage. — Cette opération est basée sur ce principe que les substances albuminoïdes ont la propriété de se coaguler sous l'action de l'alcool et des acides du vin en entraînant avec elles les matières solides qu'il tenait en suspension.

C'est le blanc d'œuf, la colle de poisson ou des poudres spéciales préparées par le commerce qui servent à cet usage.

Il faut deux blancs d'œufs bien frais par hectolitre de vin. On y ajoute 30 grammes de sel de cuisine et un peu de vin, puis l'on met le tout en neige avec un agitateur quelconque avant de le verser dans le tonneau du vin à coller. On mélange intimement cette neige avec le vin au moyen d'une simple latte introduite par la bonde ou avec un fouet dans le genre de celui que nous représentons (fig. 49 et 50).

La colle de poisson s'emploie délayée dans un peu de vin tiède à raison de 15 à 20 grammes par hectolitre de vin et de la même façon.

Les poudres du commerce sont toujours accompagnées de notices explicatives pour leur emploi.

Au bout d'un temps variable de huit à dix jours, lorsque le vin est bien clair, il faut le soutirer et se garder de le laisser trop longtemps en contact avec le dépôt qui s'est formé.

Tous ces conseils, contenus avec beaucoup d'autres

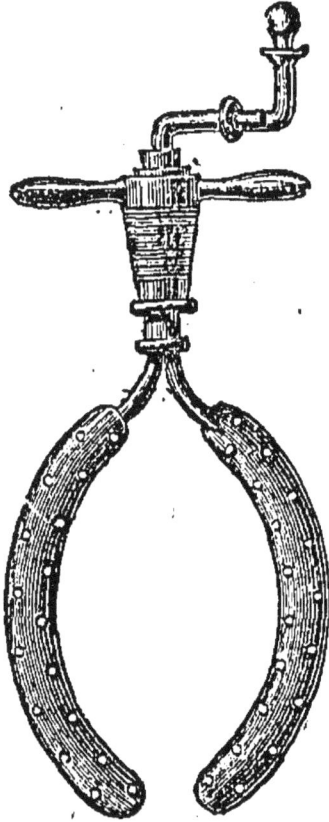

Fig. .49
Fouet à deux branches ouvert.

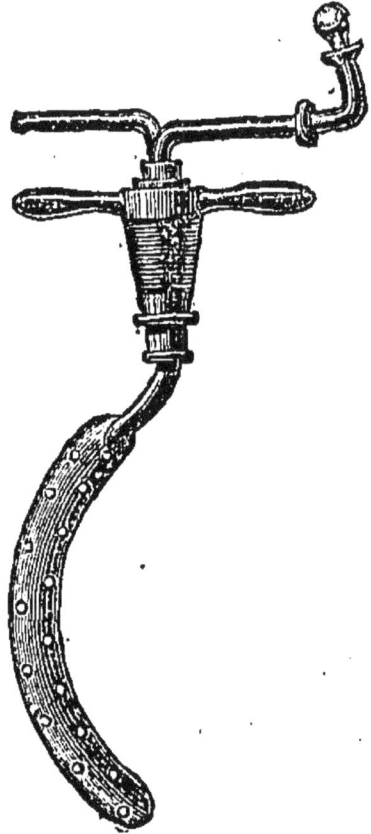

Fig. 50.
Le même fermé.

très utiles, mais que nous ne pouvons tous passer en revue, sont contenus dans l'excellent traité de vinification de M. Rougier, auquel nous aurons encore recours à plusieurs reprises pour éclairer nos lecteurs sur les traitements à faire subir aux vins défectueux.

DÉFAUTS NATURELS DES VINS

La plupart sont évités par l'emploi des levures actives sélectionnées, nous donnons toutefois les moyens usités pour les prévenir autrement et les corriger.

Apreté et verdeur. — Ces défauts, dus à l'excès de principes acides dans le vin, sont prévenus par l'égrappage, le cuvage rapide, l'addition de sucre à la cuve. On les corrige par des soutirages fréquents et des collages, et en mélangeant des vins trop verts à des vins trop plats.

Vins plats, instabilité de couleur. — Défaut contraire du précédent, provenant d'un manque d'acidité dans le vin et d'une mauvaise fermentation. L'emploi des levures remplace avantageusement le plâtrage et le tartrage des vendanges que l'on employait dans le Midi pour éviter ces défauts.

A défaut de ces moyens préventifs on corrigera dans une certaine mesure les vins plats et de couleur instable en les mélangeant avec des vins verts, en les faisant passer sur du marc frais de vendanges récoltées avant la parfaite maturité, en ajoutant de l'acide tartrique. Les doses à employer sont variables et M. Bouffard, professeur d'œnologie à l'école d'agriculture de Montpellier, conseille de les déterminer ainsi :

12

« On prend 6 échantillons d'un litre de vin à essayer, dans lesquels on met 0^{gr},500, 1 gramme, 1^{gr},5, 2 grammes, 2^{gr},5 et 3 grammes d'acide tartrique. Les bouteilles étant bouchées, on les agite légèrement et on les place dans une cave, au repos, pendant huit jours.

« Au bout de ce temps, on verse une petite quantité de vin de chacun des échantillons sur des assiettes blanches, et on l'abandonne à l'air pendant quelques heures.

« Si la couleur se maintient limpide dans tous les échantillons, c'est que la dose minima de 0^{gr},5, est suffisante ; si la couleur se maintient dans quelques échantillons et change pour les autres, on a adopté la dose du premier échantillon limpide. »

Vins troubles, vins sucrés. — Ces défauts se produiront à la suite de fermentations incomplètes que l'on évitera ou corrigera encore par l'emploi des levures ainsi que nous l'avons vu. On conseille des soutirages, des collages et d'autres pratiques qui ne donnent que des résultats médiocres. Ici plus que jamais il vaut mieux prévenir que guérir.

Fermentation des vins restés doux. — Quelquefois l'on désire achever la fermentation de vins restés plus ou moins doux parce qu'ils ont mal fermenté une première fois. Ici l'emploi des levures sélection-

nées est encore tout à fait indiqué. Dans ce cas il est
très utile de faire un pied de cuve composé comme il
a été dit plus haut, et si, en raison de l'époque du
traitement des vins défectueux, l'on n'a pas de raisins
frais à sa disposition, le pied de cuve sera préparé
avec une infusion de raisins secs : 1 kilogramme de
raisins pour 6 litres d'eau bouillante, dans laquelle,
après refroidissement à 30°, on versera la dose de
levure pour 20 hectolitres. Quand ce mélange sera en
pleine fermentation, pour ne pas introduire brusquement la levure dans un milieu peu favorable à
son développement comme le sont les vins déjà faits
ou presque faits, on versera petit à petit dans ce pied
de cuve 6 à 10 litres du vin à traiter et par un demi-
litre seulement à la fois de manière à mettre deux
jours à faire cette addition ; on introduira ensuite le
levain dans la cuve contenant les 20 hectolitres de
vin doux que l'on aura eu soin préalablement de soutirer clair et d'aérer. Une fois le mélange opéré, on
le soumettra à des soutirages fréquents à la cuve,
ce qui aidera beaucoup à l'achèvement de la fermentation.

MALADIES PROPREMENT DITES DES VINS

Notre dernière remarque s'applique encore aux maladies des vins qu'il est bien plus difficile de corriger
que d'éviter par des précautions préventives. La plu-

part des maladies sont dues à des êtres microscopiques ; micodermes du vinaigre, ferments lactiques, moisissures, etc., qui ont pu prendre possession du liquide et y dominer l'action des bons ferments. Nous n'avons pas à revenir sur ce que nous avons dit à ce sujet et nous ne ferons que faire part à nos lecteurs des conseils qui sont donnés à ceux dont les vins sont la proie de maladies qui en diminuent énormément la valeur.

Acescence. — Cette maladie est due au développement du ferment du vinaigre, et les vins qu'elle a envahis sont dits : *piqués, aigres*. Ce ferment ne peut vivre qu'au contact de l'air, et le meilleur moyen de l'éviter, c'est de tenir les tonneaux bien pleins ou de ne mettre en vidange pendant quelques jours ou semaines que des futailles de petite contenance afin que le vin ne reste pas trop longtemps au contact de l'air.

Il est extrêmement difficile de guérir un vin piqué, les moyens proposés pour cela sont, la plupart, insuffisants. Le mieux est de le chauffer à 60 degrés, température suffisante pour tuer les microbes avec des appareils appelés *pasteurisateurs*, puis de les traiter, si cela ne suffit pas, par le procédé de Liebig consistant à ajouter au vin 100 à 150 grammes de tartrate neutre de potasse.

Vins tournés ou cassés. — Cette maladie due également à un mauvais ferment occasionne la décoloration du vin qui passe du rouge au violet et le trouble complètement. Lorsque la maladie est avancée, que le vin est *tourné* ou *cassé*, il n'y a aucun remède. Lorsqu'elle est tout à fait à son début, on peut l'arrêter en chauffant à 65 degrés, température à laquelle tous les ferments sont tués, et en y ajoutant ensuite une proportion d'acide tartrique calculée comme nous l'avons dit plus haut.

Maladie de la pousse. — Cette maladie est due à une fermentation secondaire, accompagnée de dégagement d'acide carbonique (ce qui la distingue bien de la précédente) qui se produit à la suite d'une fermentation principale insuffisante pour transformer tout le sucre de vin en alcool. Le ferment de cette maladie est encore un mycoderme parfaitement connu et reconnaissable au microscope. Le vin malade mousse, perd de sa couleur et de sa vinosité. On ne peut combattre la maladie qu'à son début en ajoutant de l'acide tartrique, en chauffant à 65 degrés et en collant après ces deux opérations.

Amertume. — Cette maladie frappe de préférence les vins les plus estimés, ceux de Bourgogne en particulier, quelquefois après plusieurs années de bouteille. Elle est due encore à un parasite que l'on trouve dans le dépôt du vin qu'il le rend d'abord fade et finalement amer. Si le vin est en bouteilles, il faut, dès les premiers symptômes, le décanter dans un tonneau et le traiter comme celui qui est encore en fût par un bon méchage, suivi d'un fort collage.

L'amertume est généralement due à une mauvaise fermentation et nous savons dans ce cas comment l'on peut la prévenir, si elle peut être attribuée à la pauvreté du vin en alcool et en acides, on peut le viner à raison de 2 p. 100 d'alcool et lui ajouter 10 grammes d'acide tannique et 50 grammes d'acide tartrique par hectolitre.

Graisse. — Cette maladie, rare pour les vins rouges, est assez fréquente pour les vins blancs qui perdent leur limpidité, deviennent filants et huileux. Elle est due à un ferment spécial que l'on trouve soit dans le liquide, soit dans le dépôt. On conseille, pour guérir la *graisse*, d'aérer le vin, de le transvaser s'il est en bouteilles et de lui ajouter 7 à 8 grammes de tanin dissous dans l'alcool par hectolitre.

Vins mannités. — C'est une maladie spéciale due à une bactérie d'après M. Gayon ; elle se développe surtout pendant les années très chaudes comme 1893.

Toutes ces maladies sont, en définitive, déterminées par des ferments ayant tous des caractères bien tranchés et que les personnes habituées à se servir des

microscopes à forts grossissements distinguent parfaitement les uns des autres. Si, malgré toutes les précautions prises, l'on soupçonne qu'une partie de la
récolte paraît disposée à s'altérer, le mieux est d'en
envoyer un échantillon à un laboratoire spécial où les
experts sauront reconnaître si en réalité le vin est aux
prises avec un commencement de maladie et quel
remède il convient d'employer contre celle qui aura
été reconnue.

Nous le répétons une dernière fois (jamais on ne le
redira assez), il faut prendre, pour éviter tous ces
défauts et maladies, fort difficiles à guérir, toutes les
précautions désirables ; vendanges de bonne qualité,
faites en temps convenable, cuvage régulier et amé-
lioré par l'emploi des levures sélectionnées reconnues
les meilleures dans chaque milieu, caves saines,
fraîches, aérées suffisamment et sans excès, vaisselle
vinaire irréprochable, soins convenables aux vins
obtenus. Toutes ces mesures, qui eussent paru suran-
nées à une autre époque, sont devenues, aujourd'hui,
pour ainsi dire indispensables aux viticulteurs qui
désirent vendre avantageusement les produits des
vendanges obtenues après tant de frais et de difficultés.

Les notions précédentes résumaient tout ce qui était
connu naguère sur la vinification et les traitements
des vins malades; nous étions, en conséquence, disposés à terminer ici notre manuel, lorsque la belle

découverte du *sulfitartrage* par MM. Gastine et Gladysz est venue opérer une véritable et heureuse révolution sur la vinification si difficile dans les pays chauds, et sur les moyens propres à prévenir et à corriger les défauts des vins.

Nos lecteurs nous sauront gré de lui consacrer spécialement un nouveau et dernier chapitre.

USAGES DU SULFITARTRE

I. — LA VINIFICATION DANS LES PAYS CHAUDS
ET LE SULFITARTRAGE DES VENDANGES

Les levures alcooliques dont il a été parlé dans les chapitres précédents trouvent leurs meilleures conditions de travail lorsque la température ne s'élève pas dans les cuves en fermentation au-dessus de 35° C. en restant supérieure à 25° C. Or, dans les pays chauds, tels que certaines parties de l'Algérie et de la Tunisie et même en France lorsque la fin de l'été se maintient chaude, cette condition très importante pour la bonne conduite de la fermentation n'est pas toujours réalisée. La vendange échauffée par le soleil, cueillie quelquefois en pleine période de sirocco, vent chaud et desséchant du sud, arrive au chai avec une température très élevée qui s'exagère encore dès que le raisin est foulé et introduit dans les cuves. La fermentation s'établit de suite et en peu d'heures elle atteint 38-40° C., c'est-à-dire une température qui est incompatible avec le développement normal des ferments alcooliques. Dans ces conditions les organismes utiles s'épuisent ; ils cessent de se multiplier et sécrètent des produits différents de l'alcool vinique.

Ce n'est pas tout ; d'autres organismes, ceux-là nuisibles, car ce sont des bactéries, trouvent au contraire dans cet échauffement les meilleures conditions de leur développement et de leur prolifération. Ils détruisent le sucre, mais au lieu d'en faire de l'alcool, ils le convertissent en acides organiques, acide butyrique, acétique, en produits tels que la mannite, etc. Tous ces phénomènes anormaux qui accompagnent un excès de température, causent souvent de graves dommages dans les chais. C'est ainsi que l'on obtient ces vins doux et acides, incomplètement fermentés, qui caractérisent les plaines chaudes de l'Algérie, vins malades, qui ne peuvent supporter le transport et inutilisables, même pour la distillation, puisqu'ils renferment peu d'alcool avec des produits acides odorants qui viennent encore diminuer la qualité de l'alcool qu'on ne peut extraire.

Divers moyens ont été proposés pour lutter contre les fermentations chaudes. Les uns ne sont que des palliatifs préventifs qu'il est toujours bon de mettre en action, d'autres sont plus radicaux mais d'une mise en œuvre difficile et coûteuse par les appareils qu'ils nécessitent.

Les moyens palliatifs sont les suivants : ils consistent à laisser la vendange se refroidir avant de la fouler et de l'introduire dans les cuves. On la laisse pour cela et toute une nuit exposée à l'air, ce qui exige un matériel de comportes beaucoup plus important. Quelquefois, pour exagérer le refroidissement, on asperge d'eau la vendange. Cette eau en s'évaporant emprunte de la chaleur aux grappes qu'elle imprègne et abaisse ainsi leur température. Mais pour que le moyen soit de quelque efficacité, il faut que le raisin soit largement répandu à l'air en couche peu épaisse. Ou bien il faut avec un ventilateur faire passer sur ce raisin une grande masse d'air. Tous ces moyens sont compliqués et augmentent notablement la main-d'œuvre. Ce sont bien des procédés insuffisants quoique utiles et dignes par cela même d'être mentionnés.

Un procédé plus radical est de refroidir les cuves en fermentation au moyen de réfrigérateurs installés à cet effet dans le chai. Les meilleurs de ces appareils sont basés sur le principe suivant : dans une caisse alimentée par une pompe on chasse de l'eau choisie aussi froide que possible empruntée à un réservoir ou à un cours d'eau; et en général, elle est à la température moyenne ambiante, c'est-à-dire assez chaude dans un pays tel que l'Algérie et pendant la période des vendanges. Dans cette caisse se trouve disposé un long serpentin en cuivre, étamé à l'intérieur, qui se trouve ainsi en contact avec l'eau environnante. Dans le serpentin on fait circuler, à l'aide d'une pompe, le vin en fermentation de manière à abaisser sa température. Le vin ainsi refroidi est ramené dans la cuve et en modère la température. Ce procédé est excellent lorsqu'on dispose de beaucoup d'eau et d'engins mécaniques appropriés pour le mettre en œuvre. Mais les grandes exploitations seules peuvent y avoir recours à cause des frais d'installation très considérables qu'il entraîne. D'ailleurs le plus souvent il est impossible d'avoir de l'eau en suffisante abondance, car plus l'eau est chaude, plus il en faut pour abaisser d'une manière suffisante la température. Or, en Algérie, bien des fermes manquent d'eau en été et se la procurent à grands frais pour l'alimentation des animaux. Il faut donc être placé dans des conditions exceptionnelles et bien favorables pour songer à de pareilles installations.

Dans ces derniers temps un nouveau procédé a fait son apparition. Il est basé sur une méthode absolument différente des précédentes et ne donnera pas lieu aux mêmes critiques, car il n'exige, pour sa mise en œuvre, aucun appareil.

MM. Gastine et Gladysz ont proposé un produit nouveau, le *sulfitartre*, qui renferme de l'acide sulfureux combiné aux sels de la lie fraîche de vin, produit qui, versé dans les cuves en fermentation, agit comme

antiseptique et comme modérateur et peut même
arrêter tout mouvement fermentatif si on en exagère
la dose. De là plusieurs applications possibles indi-
quées par ces auteurs et que nous allons brièvement
passer en revue d'après eux.

II. — SUSPENSION OU MODÉRATION
DE LA FERMENTATION

En ajoutant par hectolitre de vendange trois quarts
de litre à un litre de sulfitartre la fermentation ne
s'établit pas. Le moût est immobilisé et stérilisé en
quelque sorte, car les ferments alcooliques sont arrêtés
dans leur évolution et même pour la plus grande partie tués. La vendange foulée et égrappée qui a reçu
cette dose de sulfitartre, peut donc être expédiée d'un
point à un autre pour être traitée en vin sous un climat plus favorable, ou bien être conservée sur place
jusqu'au moment où la température ambiante est suffisamment abaissée pour que les accidents des fermentations chaudes ne soient plus à redouter.

Dans cette application il est utile d'égrapper afin de
ne pas laisser les parties inertes de la vendange, les
rafles, en contact prolongé avec le moût, qu'elles appau-
vriraient en sucre sans lui fournir aucun élément
utile par voie de compensation.

Pour faire partir à nouveau la fermentation, il faut
au préalable éliminer l'excès d'acide sulfureux qui

aseptise le moût. On y parvient en chauffant aux environs de 40° C. et en faisant couler le moût chaud en jet éparpillé, par l'interposition d'une palette par exemple, et en recueillant le moût ainsi écoulé dans un large baille, d'où, à l'aide d'une pompe, on le ramène dans une cuve à fermentation.

Cette exposition à l'air et en grande surface du moût chaud lui faire perdre la plus grande partie de l'acide sulfureux. Mais comme les ferments alcooliques qu'il contenait primitivement ont été tués par cet acide sulfureux, il faut en ajouter d'autres dans la cuve. On y ajoute des levures sélectionnées. Au début la fermentation marche d'un pas assez lent à cause de la présence d'un reste d'acide sulfureux. Bientôt cependant elle s'établit et le courant de gaz carbonique qui sort de la cuve achève d'entraîner l'acide sulfureux que la première opération avait laissé persister.

Le moyen est radical et il est rationnel. De plus on peut attendre des levures cultivées employées dans de telles conditions des améliorations beaucoup plus marquées que dans le cas où ces mêmes levures sont livrées à la concurrence des ferments sauvages qui peuplent les vendanges.

Mais il ne sera peut-être pas toujours utile d'immobiliser ainsi la vendange pour un temps prolongé et l'emploi du *sulfitartre* permet à moindre dose de modérer les fermentations trop chaudes sans en changer ni l'époque ni les conditions d'usage.

Voici comment on opérera dans ce cas. Après avoir
mis le raisin foulé en cuve, on observera le départ de
la fermentation. Si la température s'élève rapidement
on ajoutera, au moment où la température atteindra
32 à 33° C., une dose de 1/2 litre de sulfitartre par
10 hectolitres, un litre même au besoin, si la fermentation se maintient encore très active après cette addition. Le résultat sera un ralentissement de la fermentation et comme conséquence un *abaissement* de la
température. En continuant de surveiller la cuve on
pourra, s'il y a lieu, renouveler l'emploi de *modérateur*,
c'est-à-dire du sulfitartre, cela de façon à ne jamais
atteindre le degré nuisible aux levures alcooliques.

En ajoutant le sulfitartre dès le principe, c'est-à-dire
pendant le chargement de la cuve à raison de 1/2 à
1 litre de sulfitratre par 10 hectolitres, on retardera
le départ de la fermentation. La température de la
vendange s'abaissera à la température même qui
règne dans le cellier, ce qui permettra souvent d'obtenir le résultat cherché, c'est-à-dire une fermentation
plus calme et moins chaude, par suite franchement
alcoolique.

L'acide sulfureux décolore les matières colorantes
végétales et on pourrait craindre que les traitements,
appliqués à l'obtention des vins rouges, ne diminuent
beaucoup leur coloration. C'est ce qui arrive en effet;
mais comme l'acide sulfureux n'est pas destructeur de
ces matières colorantes, car il ne fait que de les réduire,

l'action est purement temporaire. La couleur reparaît à la longue à mesure du départ de l'acide sulfureux, départ qui s'effectue par entraînement sous l'influence du dégagement de l'acide carbonique produit par la fermentation.

D'ailleurs la limpidité du vin est l'un des éléments de sa couleur. Un vin trouble même très coloré n'a pas de *robe*, suivant l'*expression* consacrée. Or, le sulfitartre à côté de son action antiseptique réalise une défécation du vin qui amène une grande limpidité. Cela tient à ce que les sels tartreux qu'il renferme, bitartrate de potasse, tartrate de chaux, se précipitent au sein du vin à mesure du départ de l'acide sulfureux qui les maintenait dissous. Cette précipitation graduelle joue le rôle d'un collage qui éclaircit le vin et le rend brillant. Dans ces conditions, sa couleur est bien plutôt accrue que diminuée.

III. — FABRICATION DES VINS BLANCS

Une application fort intéressante du *sulfitartre* est celle qui en a été faite pour la préparation des vins blancs au moyen de raisins colorés. On sait que, hormis quelques cépages dits *teinturiers*, les raisins rouges ou noirs ont une pulpe blanche et par suite un jus incolore. On peut donc en obtenir des vins blancs, mais à la condition de ne pas laisser la pellicule du raisin qui renferme la matière colorante en contact avec le moût. Dès que ce contact dure quelque peu, cette matière colorante se dissout et, au lieu d'avoir des vins blancs, on obtient des vins rosés ou paillés dont la valeur commerciale est moindre.

Nous avons déjà signalé les appareils mécaniques qui ont pour but d'extraire rapidement le jus des raisins colorés afin d'éviter cette coloration. Si parfaits que soient ces appareils, il est impossible d'en attendre une séparation parfaite du jus et des éléments solides de la récolte. Le moût sucré qu'ils produisent est trouble, bourbeux, et rempli de petits débris dont la masse est très suffisante pour colorer encore le jus blanc qui est à son contact. Aussi doit-on *débourber* les moûts de raisins rouges traités en blanc, c'est-à-dire leur retirer par dépôt rapide toutes ces matières solides.

Dans les climats froids cette opération se fait assez bien. Le moût est abandonné dans une grande cuve où on le laisse reposer quelques heures. Il s'éclaircit et on en soutire la partie limpide qui est exempte de couleur. Le fond est versé dans les cuvaisons du vin rouge auxquelles on a ajouté toute la partie solide déjà extraite.

Dans les pays plus chauds ce débourbage naturel est impossible car la fermentation s'établit trop tôt pour qu'un dépôt soit possible. La filtration est d'autre part trop lente sur un liquide sirupeux et mucilagineux tel que le jus de raisins frais.

On a triomphé de la difficulté en mutant le moût avec l'*acide sulfureux*, c'est-à-dire en retardant, grâce à l'action de cet agent antiseptique, le départ de la fermentation.

Mais la difficulté est de muter convenablement, c'est-à-dire ni trop ni trop peu. Un gaz n'est pas facile à manier ni à doser. Si on mute trop fort, la fermentation est arrêtée et quelquefois durant des semaines. Si on mute insuffisamment le débourbage est manqué, car la fermentation s'établit avant qu'on ait pu soutirer un moût limpide.

Avec le *sulfitartre*, aucune incertitude. A la dose de 1 litre par 10 hectolitres on retarde de douze à quinze heures le départ de la fermentation, laps de temps suffisant pour obtenir un bon débourbage, c'est-à-dire, un tirage à clair. En outre l'acide sulfureux que contient le sulfitartre blanchit le vin. Donc aucune manipulation difficile et incertaine. On ajoute la dose voulue de sulfitartre au moût trouble issu du pressoir continu ou de la turbine et on le laisse déposer douze heures avant de le soutirer à clair.

Le dépôt de débourbage renferme, avec les matières solides, la plus grande masse de ferment de la vendange. Le moût clair soutiré est pratiquement stérilisé Aussi est-il nécessaire d'y ajouter un pied de levain préparé d'avance en écrasant des raisins blancs de choix, très mûrs et très sains et en laissant la fermentation s'opérer. C'est cette petite fermentation obtenue avec une vingtaine de kilos de raisins qui sert à ensemencer la grande cuve. Ou bien, plus simplement et plus sûrement encore, on ajoute à la cuve la dose voulue de levures sélectionnées.

Cette application des levures à la préparation des vins blancs est particulièrement intéressante dans le cas qui nous occupe, c'est-à-dire dans un moût pratiquement exempt des levures sauvages qui imprègnent la vendange. On possède en effet d'excellentes variétés de levures à vins blancs, extraites de nos principaux vins blancs, *parfaitement* isolées et sélectionnées. Ce sont des levures très actives au point de vue de leur puissante fermentation et plusieurs d'entre elles conduisent à un cachet particulier pour les vins obtenus.

L'emploi du *sulfitartre* en vinification réalise, on le voit, des progrès multiples en œnologie. Il permettra de triompher des principales difficultés dont on s'est préoccupé dans ces derniers temps, et cela par une méthode des plus simples qui ne change rien à l'outillage des caves et n'impose par suite aucun sacrifice aux propriétaire viticulteurs. Avec l'emploi des levures sélectionnées, auquel il prête un appui et un complément des plus utiles en permettant d'en tirer le maximum d'action par l'élimination de l'influence des ferments sauvages, c'est le progrès le plus marqué qui ait été réalisé depuis longtemps pour la conduite de la vinification.

IV. — CONSERVATION DES VINS, ET TRAITEMENT DES VINS MALADES PAR LE SULFITARTRAGE

L'acide sulfureux est par excellence l'agent conservateur des vins. C'est le seul agent permis d'ailleurs et dont l'usage remonte à la plus haute antiquité. Une foule de spécialités vendues à grand renfort de réclame et à des prix exorbitants ne sont pas autre chose que des remèdes ou préparations œnologiques secrètes dont la base est l'acide sulfureux. Cependant les viticulteurs ne connaissent guère l'emploi de cet agent que pour la préparation des vins blancs, pour lesquels il est le plus indispensable, à cause de la blancheur et de la limpidité que l'on recherche avec raison pour cette nature de vin. Mais les négociants en vins ne se font pas faute d'employer le même agent pour la conservation des vins rouges où son intervention est souvent précieuse et même nécessaire pour obtenir des soutirages limpides, brillants, sans lesquels la circulation des vins serait impossible.

L'acide sulfureux décolore le vin et c'est pour ce motif que les viticulteurs le redoutent. Mais cette décoloration est passagère, car l'acide sulfureux ne détruit pas la matière colorante, il le réduit seulement ainsi que nous l'avons dit plus haut, et plus tard, en s'oxydant, au moment des soutirages, elle reparaît avec son intensité primitive. Par les soutirages, en effet, l'acide sulfureux s'élimine et le vin prend sa robe brillante. On cette limpidité précieuse, indispensable, qui est le criterium de la solidité du vin, qui met en valeur toute sa coloration, ne peut être obtenue qu'en éliminant tous les ferments de maladie qui peuplent ce liquide après la vinification.

Les vins, à la suite de la fermentation, sont troubles, louches, et il est souvent bien difficile d'apprécier à ce moment l'intensité de leur coloration. Ils ne s'éclaircissent qu'après une fermentation alcoolique complémentaire et à mesure que le froid pénètre dans les caves. On dit alors qu'ils *se dépouillent*, et c'est le moment critique qu'il faut bien surveiller, car, à côté des vins bien constitués qui, en effet, se dépouillent, il en est d'autres qui sont quelquefois aussi beaux comme apparence, mais qui restent troubles. Un cas qui se présente souvent, surtout dans la région méridionale, est celui d'une arrière-saison douce, chaude, qui se prolonge jusqu'en décembre, et alors les vins ne se dépouillent pas ou se dépouillent mal. Faut-il accuser leur constitution? Le plus souvent il faut dire que les vins qui se dépouillent mal sont tout simplement la proie des parasites ou ferments de maladie qui sont si abondants dans la vendange et qui ne demandent qu'à vivre dans le vin et à le détruire si les conditions ambiantes n'y mettent pas obstacle. Or, le froid est l'une de ces conditions capitales, qui heureusement ¬ient en aide d'habitude au viticulteur, mais qui quelquefois peut manquer ou qui n'agit que d'une manière insuffisante. C'est alors la tourne, la pousse, l'amertume, le gras, qui éclatent dans tel ou tel foudre, au grand désespoir du viticulteur, qui d'habitude ne s'en aperçoit qu'un peu tard, lorsque déjà la maladie est nettement caractérisée et qu'elle a détruit une partie des éléments du vin.

Un peu de surveillance aurait fait éviter cela. Un traitement préventif devient indispensable lorsque le froid ne vient pas agir à temps sur les vins pour favoriser le dépouillement. Ce traitement, c'est le traitement sulfureux qui, de même que le froid, précipite les ferments en les rendant inactifs. Tant que l'acide sulfureux ne pouvait être employé qu'au hasard d'un dosage imparfait, il était difficile et peut-être dangereux d'y recourir. Le *sulfitartre* permet maintenant d'agir à coup sûr.

Si la fermentation alcoolique est complète, ce dont on peut s'assurer par l'absence de sucre et l'absence du ferment alcoolique, le vin doit se dépouiller, à moins qu'il ne soit malade, c'est-à-dire qu'il ne soit occupé par des ferments bactériens. Voilà donc le criterium. Un vin qui ne se dépouille pas est malade, et il faut le traiter avant que ses qualités aient été atteintes, et cela sans attendre que la maladie ait pris un caractère déterminé et grave.

Le sulfitartre ajouté à la dose de 1 à 2 litres pour 10 hectolitres assurera ce dépouillement. Il immobi-

lisera les ferments, et la température, continuant à
s'abaisser, précipitera la crème de tartre, se séparera
en entraînant dans la lie les ferments immobilisés qui
vivants auraient échappé à son action clarifiante.

Pour faire ce traitement, on soutirera d'abord le
vin pour le séparer de la lie déposée ; puis on y ajoutera
le sulfitartre que l'on y mélangera intimement. Quinze
ou vingt jours après, ou soutirera de nouveau à clair,
pour enlever la lie légère et souvent visqueuse, peuplée
de ferments, qui se sera déposée. Il importe de faire
avec grand soin ce soutirage pour ne rien entraîner
de ce dépôt microbien.

Voilà l'opération sur un vin menacé de maladie et
sur lequel on a été mis en éveil par le défaut de dépouillement. Il faut le répéter, car c'est là un axiome
qu'aucun viticulteur ne devrait ignorer : tout vin
trouble est un vin malade, à moins que, chargé de
sucre, il ne soit encore soumis à un reste de fermentation alcoolique. Si ce cas n'est pas réalisé, on a
vraiment affaire à un vin malade qui réclame impérieu-
sement un traitement antiseptique pour mettre fin à
l'altération dont il est le siège.

On pourra le pasteuriser, c'est-à-dire le chauffer à
à 65° C., si on dispose des appareils nécessaires pour
ce traitement. C'est là un excellent moyen.

On peut aussi le soumettre au traitement sulfureux dont nous avons parlé ci-dessus, mais en l'exa-
gérant un peu, puisque le vin est sûrement malade

et qu'il importe de couper court à cette altération.

Si le vin accuse les débuts d'une maladie (acescence, tourne, amertume, pousse, gras), il ne faut pas hésiter à lui faire subir un traitement sulfureux assez énergique, consistant à lui ajouter pour 5 hectolitres 1 litre à 1 litre et demi de *sulfitartre*. Un vin ainsi menacé pourra être, pour plus de sûreté, simultanément collé.

On comprend que le collage, pratiqué en même temps qu'un sulfitartrage, est particulièrement efficace. Les germes nocifs *immobilisés* par l'agent sulfureux antiseptique sont emprisonnés par le réseau de la colle et entraînés mécaniquement beaucoup plus sûrement encore et plus complètement que par le dépôt naturel, et cela très rapidement.

Pour les vins blancs on emploie la colle de poisson qui est le clarifiant le plus énergique. Elle diminue trop la couleur des vins rouges et pour ces derniers l'albumine de l'œuf est préférable.

On emploie deux blancs d'œuf par hectolitre, battus avec un peu de vin et avec 30 grammes de sel de cuisine. Le mélange est versé par la bonde dans le tonneau, puis ensuite la dose de sulfitartre, et le tout est vigoureusement fouetté avec une latte. Huit jours après, on peut soutirer à clair en prenant bien garde de ne pas mettre en suspension et entraîner le dépôt floconneux grisâtre qui s'est réuni au fond du tonneau.

Dans le cas de la tourne et de la pousse il est

bon d'ajouter en outre au traitement qui précède 50 grammes d'acide tartrique par hectolitre.

Ce traitement, collage, sulfitartrage et tartrage combinés, a été employé avec succès sur des vins atteints d'une manière bien caractérisée par la tourne et la pousse réunies. Il faut toutefois agir au début du mal, avant que le vin ait perdu ses qualités.

Le sulfitartrage est souverain contre l'acescence, maladie rare sur des vins jeunes et sains encore saturés de gaz carbonique, mais fréquente, au contraire, sur des vins gardés d'une récolte à l'autre et aussi sur ceux qui ont subi un commencement de tourne, maladie qui y forme de l'acide acétique, comme l'acescence, et grâce auquel cette dernière s'y implante très facilement. Un vin traité pour la tourne devra donc être étroitement surveillé, même après la guérison de cette maladie, car une fois l'acide sulfureux éliminé, il constitue un milieu de développement privilégié pour l'*acescence*.

Les viticulteurs qui liront ces lignes et qui surveilleront attentivement leurs vins en appliquant en temps utile les remèdes indiqués, sauront se défendre contre les maladies les plus graves et les plus fréquentes qui causent chaque année de grands dommages dans les caves. Il nous seront reconnaissants de leur avoir signalé le *sulfitartre*, qui permet si facilement de les enrayer et encore plus aisément de les prévenir.

TABLE DES MATIÈRES

DEUXIÈME PARTIE

ENTRETIEN DU VIGNOBLE

I. MATIÈRES FERTILISANTES

II. TRAVAUX GÉNÉRAUX DE CULTURE ET D'ENTRETIEN DES VIGNOBLES

III. ACCIDENTS ET MALADIES CRYPTOGAMIQUES

TROISIÈME PARTIE

VINIFICATION ET CONSERVATION DES VINS

ÉVREUX, IMPRIMERIE DE CHARLES HÉRISSEY

AVIS

—

On peut se procurer les *Levures sélectionnées* de Martinand et Rietsch, le *Sulfitartre* de Gastine et Gladysz, la *Bouillie bordelaise* Schlœsing, le *Soufre précipité* Schlœsing, pur ou mélangé de sulfate de cuivre, ainsi que tous les autres produits chimiques agricoles dont il est question dans ce volume, chez MM. SCHLŒSING frères et Cie, à Marseille.

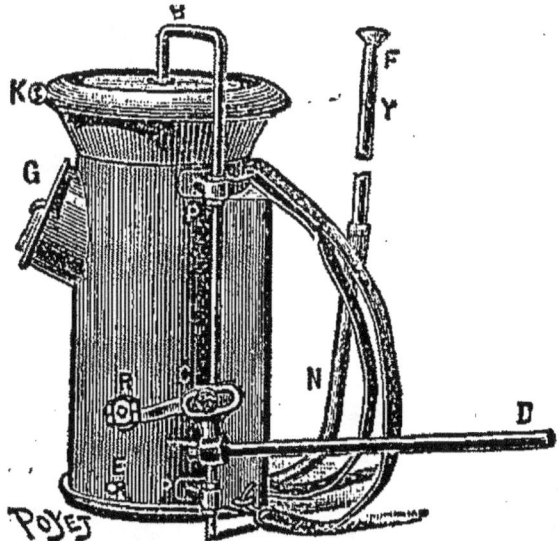